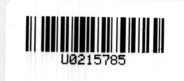

好雨知时节，当春乃发生。
随风潜入夜，润物细无声。
野径云俱黑，江船火独明。
晓看红湿处，花重锦官城。

春

二十四节气大百科

◎梦动力童书/ 著

ECNUP 华东师范大学出版社
全国百佳图书出版单位

图书在版编目（CIP）数据

二十四节气大百科 / 梦动力童书著. -- 上海 :
华东师范大学出版社，2020
ISBN 978-7-5760-1026-8

Ⅰ. ①二… Ⅱ. ①梦… Ⅲ. ①二十四节气－儿童读物
Ⅳ. ①P462-49

中国版本图书馆 CIP 数据核字（2020）第 231002 号

二十四节气大百科

著 / 梦动力童书
责任编辑 / 吴余
项目编辑 / 南艳丹 左萦梦
责任校对 / 时东明

出版发行 / 华东师范大学出版社
社址 / 上海市中山北路3663号 **邮编** / 200062
网址 / www.ecnupress.com.cn
电话 / 021-60821666 **行政传真** / 021-62572105
客服电话 / 021-62865537
门市（邮购）电话 / 021-62869887
地址 / 上海市中山北路3663号华东师范大学校内先锋路口
网店 / http://hdsdcbs.tmall.com

印刷者 / 广州市樱华印务有限公司
开本 / 889mm×1194mm 16开
印张 / 13.5
版次 / 2021年1月第1版
印次 / 2021年1月第1版
书号 / ISBN 978-7-5760-1026-8
定价 / 198.00元（全四册）

出版人 / 王焰

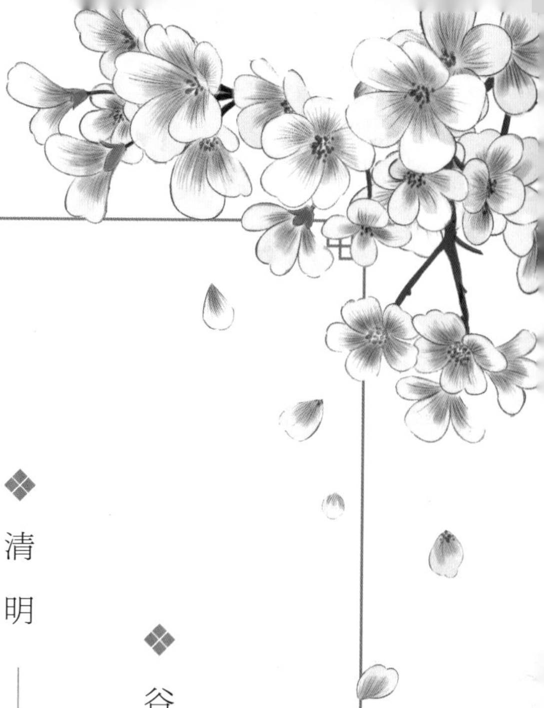

目录

前言 4
立春 6
雨水 14
惊蛰 21
春分 28
清明 35
谷雨 42

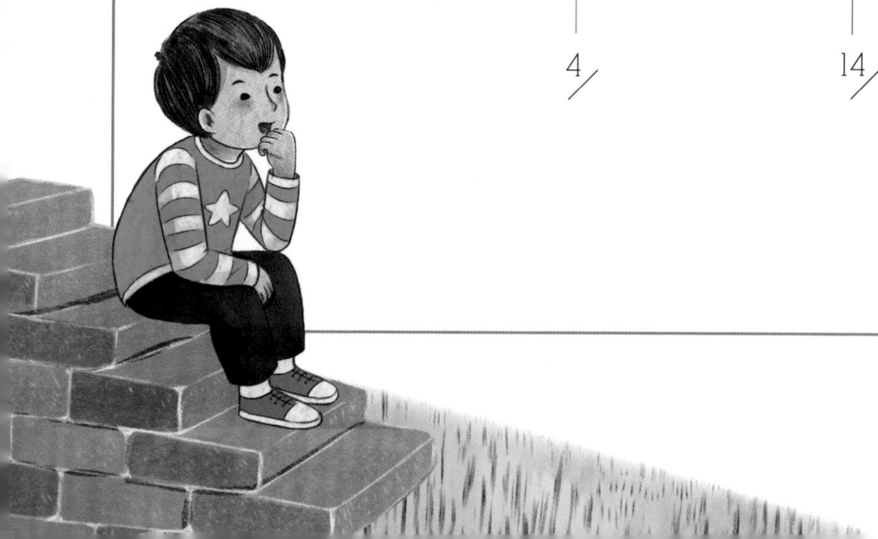

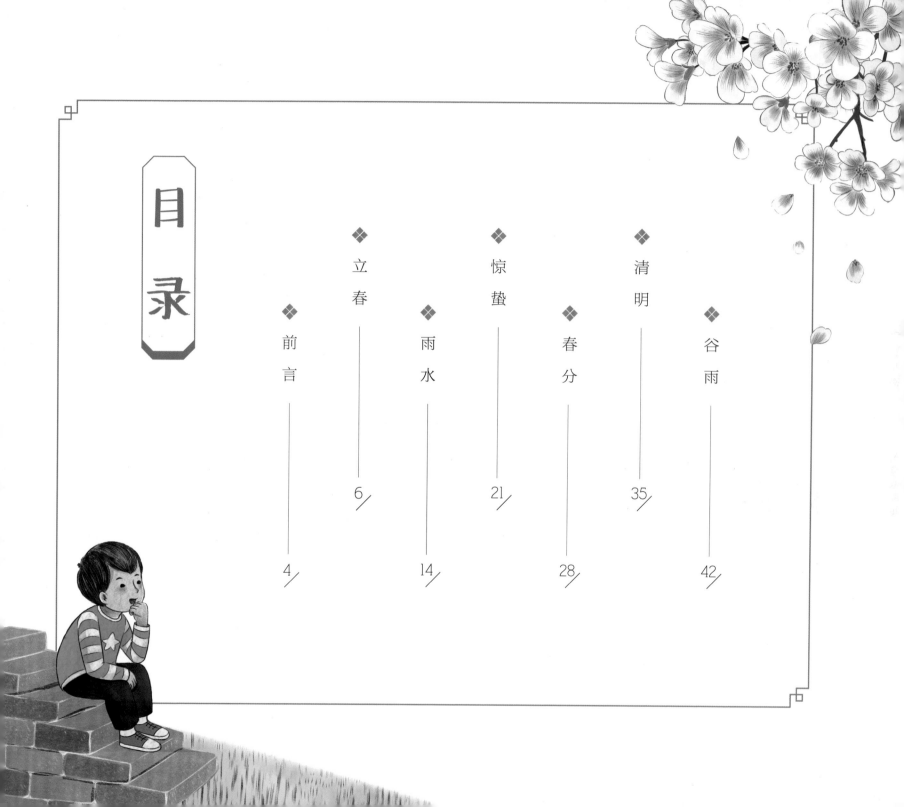

二十四节气是什么？

这里提到的“春分”就是二十四节气中的一个节气。二十四节气是中国传统文化的重要组成部分，在气象界被称为“**中国的第五大发明**”，并且在 2016 年被正式列入联合国教科文组织“**人类非物质文化遗产**”代表作名录。这么厉害的二十四节气到底是什么呢？

二十四节气起源于我国北方的黄河流域，这些地区的人民为了更好地适应农耕生产，长期观察黄河流域里的大自然气候、物候等季节变化规律，最终总结出一套包含地理气象和人文历史知识的体系——二十四节气，用来指导人们的生活和生产。

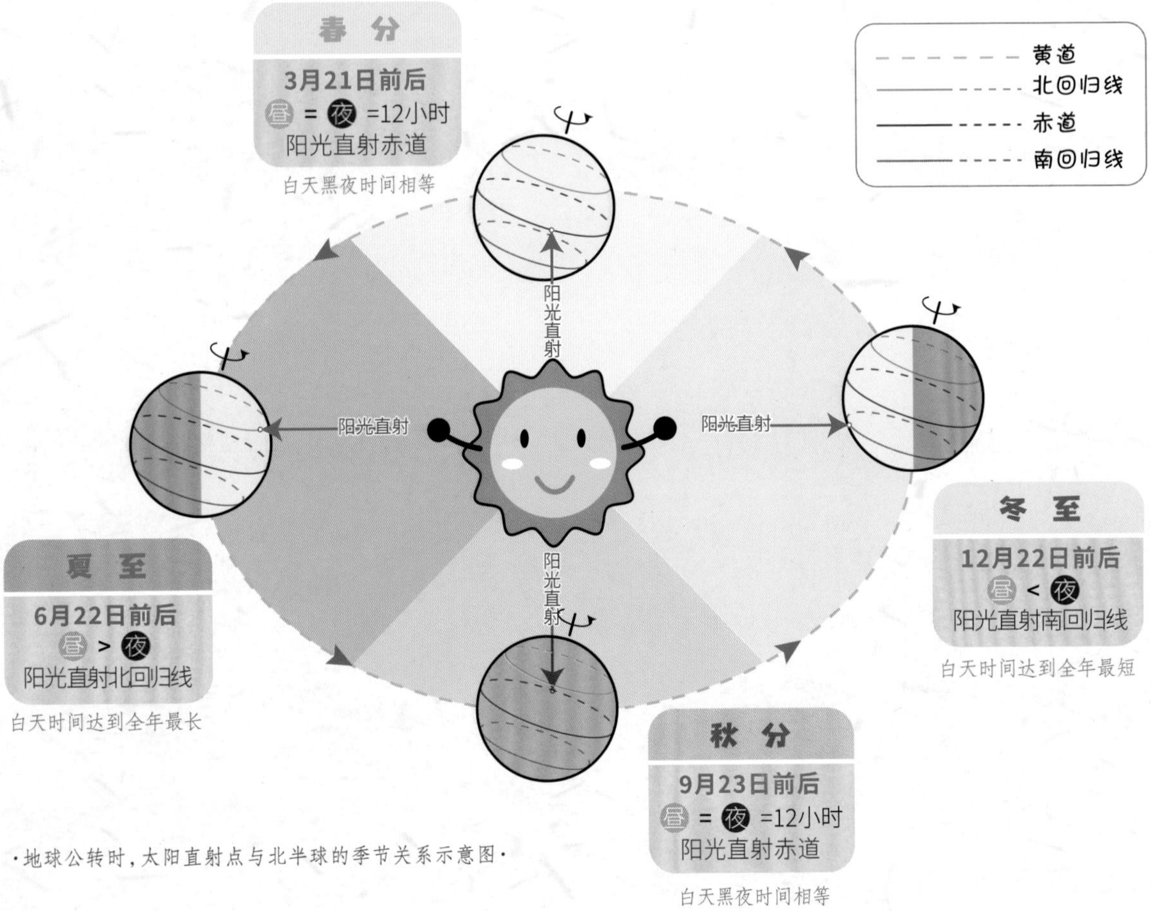

·地球公转时，太阳直射点与北半球的季节关系示意图·

二十四节气是按照太阳直射点在黄道（地球绕太阳公转的轨道）上的位置来划分的，春分、夏至、秋分和冬至既是每个季节里位置居中的节气，也是四个在黄道上有着特殊意义的节气。太阳在不同季节直射到地球的位置是不同的。

二十四节气有哪些节气呢？

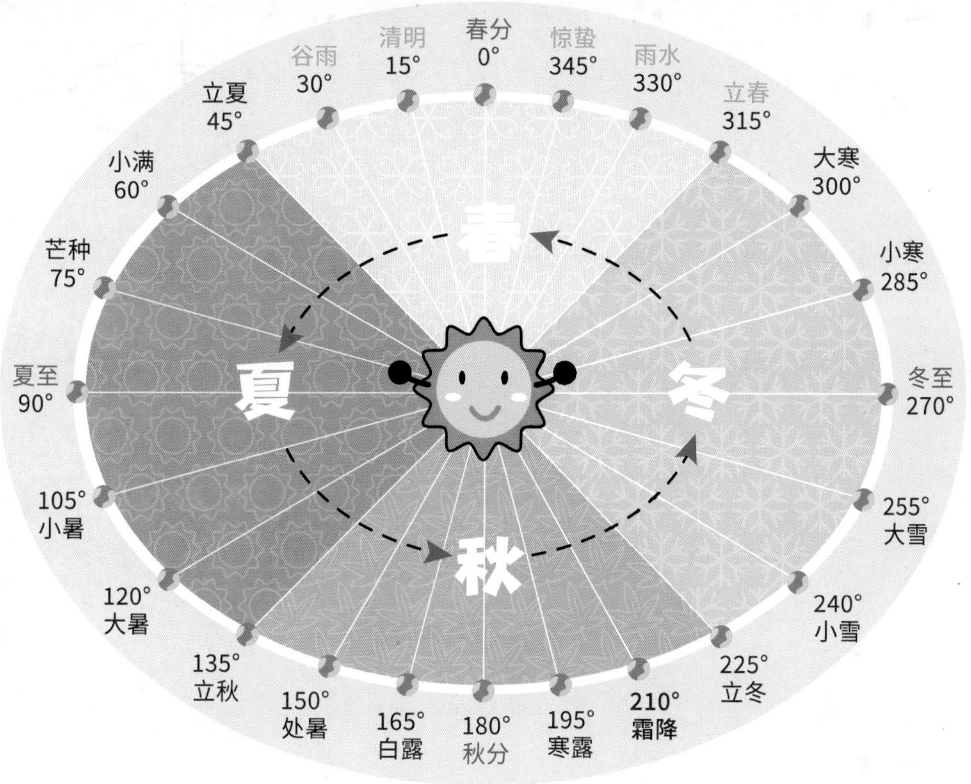

太阳直射点从春分点（即黄经0°，黄道坐标系中的经度）出发，每运行15° 到达下一个节气，到下一个春分点刚好旋转一周，即360°，也就是一年，共经历24个节气。每个月有两个节气，每个节气间隔15天，而且古人还对二十四节气进行了细化——“候”，每5天为一候，所以每个节气会有三候，二十四节气总共七十二候。

由于二十四节气反映了地球绕太阳公转一周的运动，所以在公历的日期基本是固定的，上半年一般在6日和21日，下半年一般在8日和23日，可能相差1—2天。其中“**立春**”“**立夏**”“**立秋**”和“**立冬**”这“四立”代表着四季的起点。

为了更好地记忆二十四节气，人们编了下面这首朗朗上口的小歌谣，总结了二十四节气的名称、顺序和日期。

二十四节气歌

春雨惊春清谷天[①]，
夏满芒夏暑相连[②]。
秋处露秋寒霜降[③]，
冬雪雪冬小大寒[④]。
每月两节不变更[⑤]，
最多相差一两天[⑥]。
上半年来六廿一[⑦]，
下半年是八廿三[⑧]。

解析

①这里指春天的六个节气：立春、雨水、惊蛰、春分、清明、谷雨。
②这里指夏天的六个节气：立夏、小满、芒种、夏至、小暑、大暑。
③这里指秋天的六个节气：立秋、处暑、白露、秋分、寒露、霜降。
④这里指冬天的六个节气：立冬、小雪、大雪、冬至、小寒、大寒。
⑤这里指每个月基本固定有两个节气。
⑥这里的意思是每个节气在公历的日期基本是固定的，可能相差1—2天。
⑦这里的意思是上半年的节气基本在每月6日和21日。
⑧这里的意思是下半年的节气基本在每月8日和23日。

立春

lì chūn

立春是二十四节气的第一个节气，在每年公历**2月3日—5日**之间，又叫“打春”或“正月节”。“立”是开始的意思，“立春”就是春天的开始，世间万物开始复苏，准备迎来生机勃勃、风和日丽的春天。立春到立夏前为春季，在人们心中，立春是一个充满希望的节气，正所谓“一年之计在于春”嘛。

到了立春是不是代表春天来了，可以脱下厚厚的衣服呢？

并不是的。实际上立春时节，我国大部分地区并没有迎来春天，天气还是那么寒冷，所以先别急着换上春装。立春只是我国平均气温开始回升的节气，算是春天的先兆，同时日照量和降雨开始增多，有时也会出现雷电天气。

到了立春，预示旧的四季即将过去，新一年的春天快到了。与立春最靠近的传统节日是春节，春节辞旧迎新的习俗也从古代一直流传到现在。有一年新年，宋代诗人王安石看见家家户户都在忙着准备过春节，联想到自己主持变法、推行新政所带来的新气象，心情愉悦，心中顿时非常感慨，于是创作了《元日》这首诗：

元 日

[宋] 王安石

爆竹声中一岁除，

春风送暖入屠苏。

千门万户曈曈日，

总把新桃换旧符。

诗词赏析

噼里啪啦的爆竹声送走了旧的一年，温暖的春风轻轻吹来了新的一年。大街上洋溢着热闹欢乐的气氛，到处都呈现着一派新气象。人们开开心心地围在一起，喝着用屠苏草新泡的屠苏酒，祈求新的一年可以身体健康。这时，千家万户都沐浴在朝阳温暖的光辉中，他们正忙着把旧的桃符取下，换上新的桃符，也就是最初的门神像，以迎接新年。而现代人会在春节贴上新的春联，有着驱邪祈福的寓意，用以寄托人们美好的愿望。

立春三候

一候

东风解冻

“孟春之月，东风解冻。”孟春指的是春季的第一个月，意思是立春日后天气逐渐回暖，柔和温暖的春风吹拂着大地，气温开始上升，冰雪慢慢融化，万物开始复苏，到处一片生机。

二候

蛰（zhé）虫始振

蛰：躲藏的意思，指动物为了过冬而藏起来不吃不动。振：活动。潜伏起来避寒的动物沉睡了整个冬天，全身僵冷，感受到春天的气息后开始慢慢苏醒，偶尔动一动僵冷的身体，但天气还冷，它们暂时还会蜷缩在洞里不出来。

三候

鱼陟（zhì）负冰

陟：上升的意思。随着气候变暖，水温升高，河面的冰开始融化，在水里闷了一个冬天的鱼儿争先恐后地向上游到水面透透气，但此时河面的冰还没完全融化，远看就像鱼儿背着碎冰游向水面一样。

传统习俗

贴春字

立春日，唐代长安人常在门上张贴迎春祝吉的字画，称为“宜春字”或“宜春画”，上面一般有如“迎春”“春色宜人”“春暖花开”等内容，还有人会在门楣上贴一段祝愿之词。这个习俗后面渐渐发展为贴春联，表达了劳动人民迎祥纳福的美好心愿。

送春牛图 / 迎春帖子

古时候，立春时节会由春官、春吏负责报春。他们会沿街高喊“春来了”，一边敲锣打鼓，一边唱着迎春的赞词，挨家挨户送去一张春牛图或者迎春帖子，意在提醒人们“一年之计在于春”，要抓紧农事，避免耽误时机而影响到一年的收成。

鞭春牛

鞭春牛又叫鞭土牛，这个习俗起源较早，盛行于唐、宋两代，意在鼓励农耕、发展生产。人们在立春日用泥土塑制成土牛，向春牛叩头后把春牛打碎。大家一拥而上，把春牛泥土抢回家。

在制作春牛的时候，人们也会往牛肚子里塞满五谷。当春牛被打烂的时候，五谷就会流出来。人们把谷粒和土牛放到自己的家中，借此希望今年能有个好收成。

立春时节需要吃一些春天的新鲜蔬菜，感受春天的气息，既能预防疾病，又有迎接新春的意味，这个习俗也叫“咬春”。咬春的食物多以白萝卜为主。古时每逢立春日，家家户户都会咬食生萝卜，因为萝卜味辣，民间除了认为吃萝卜不会犯春困之外，更意在咬出一些辛辣的味道，培养吃得了苦的韧劲，取自古人“咬得草根断，则百事可做”之意，是中国特有的一种风俗。

民间还会在立春吃春盘。人们把韭菜、菠菜、豆芽、萝卜等几种时令蔬菜摆成好看的春盘送给亲朋好友，有立春迎新的含义。吃春盘的习俗历史悠久，早在古代就已经出现在朝廷的节俗中。皇帝会在立春日把春盘赏赐给大臣们，后来这个习俗逐渐在民间流传开来，邻里间以春盘互相馈赠。

将面粉揉成面皮，包入萝卜、豆芽等馅心做成薄饼，用油煎至金黄，这种是春饼；把切成丝的各种馅料炒熟后卷在薄薄的面皮中食用的是春卷。吃春饼和春卷有祈盼丰收的含义，是人们对春天的美好祝福。

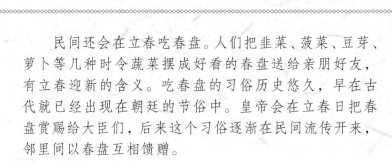

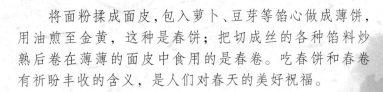

春节

春节，时间与立春节气相近，在每年农历正月初一，是农历的新年，俗称“过年”。这个节日历史很悠久，是我国最重要、最热闹的传统节日。春节期间，全国各地都会举行隆重的庆贺新春活动，到处洋溢着热闹喜庆的气氛。

春节的前一天是除夕。除夕晚上，人们都会赶回家团聚，吃年夜饭。在春节期间，人们会穿新衣服、放鞭炮、互相拜年、接财神……热闹的气氛会持续到正月十五的元宵节。

民间流传着一首关于过年的歌谣就描述了人们欢欢喜喜地准备过年的场景：

小孩小孩你别馋，
过了腊八就是年。
腊八粥，喝几天，
哩哩啦啦二十三；
二十三，糖瓜粘；
二十四，扫房子；
二十五，冻豆腐；
二十六，炖羊肉；
二十七，宰公鸡；
二十八，把面发；
二十九，蒸馒头；
三十晚上熬一宿；
初一初二满街走。

农事活动

●春耕

天气一天天暖和起来，白天时间也变长了，特别是南方地区，没有北方地区那么寒冷，所以人们要趁立春过后抓紧时间进行农耕，根据天气变化及时播种早稻，做好夏收作物的田间管理。

●防寒防冻

随着大地解冻，小春作物（一般指第一年播种第二年初夏收获的作物）长势加快，但是此时气温还未完全回暖，天气还是以寒冷为主，促进作物生长的同时要特别注意防止作物遭受冻害。

●防虫害

由于气温变暖，给害虫提供了有利的繁殖条件，田间的害虫开始活跃起来。这时需要加强农作物的病虫害监测和预防，万一出现虫害要及时采取防治措施，将虫害造成的损失降到最低程度。

立春养生

·生活上 立春时节，气温回升还需要一段时间，不要着急脱下厚衣服，应该注意根据天气变化适时增减衣物，再加上这个季节也利于滋生细菌和病毒，容易患上春季流行疾病，所以要注意勤洗手常开窗，保持室内空气清新。

·饮食上 立春后，人体的新陈代谢会增强，以便尽快适应春天的气候，此时重点是养肝护肝，可以多吃动物肝脏、豆制品、鸡蛋、葱等食物，也要多吃蔬菜水果，合理调节饮食结构。

·运动上 这时候比较适合在室外运动，帮助改善呼吸和新陈代谢，克服犯困，可以做做广播操或健身操、慢跑、放风筝，加强锻炼，提高自身免疫力。

·情绪上 春天注重养肝，尽量不要激动愤怒，经常保持心境平和、开朗乐观的情绪，用好的精神面貌去迎接新的一年。

趣味小活动

1. 自己设计一张春牛图或迎春帖子，写上一些吉祥的话语，送给爸爸妈妈或者小伙伴吧。

2. 和爸爸妈妈一起用红纸剪一个“春”字吧，比比谁的“春”字剪纸最好看。

立春小谚语

- 立春寒，一春暖。
- 春风不刮，草芽不发。
- 立春一年端，种地早盘算。
- 立春雨水到，早起晚睡觉。
- 立春热过劲，转冷雪纷纷。
- 雷打立春节，惊蛰雨不歇。
- 春争日，夏争时，一年大事不宜迟。
- 立春雨淋淋，阴阴湿湿到清明。
- 立春东风回暖早，立春西风回暖迟。
- 立春雪水化一丈，打得麦子无处放。

yǔ shuǐ
雨水

立春过后就到了雨水，雨水在每年公历 **2 月 18 日—20 日**之间，这时春天的气息更加明显，气温回暖，降雪减少，降雨增多，所以取名为“雨水”。雨水和谷雨、小满、小雪、大雪一样，都是反映降水现象的节气。雨水过后，虽然部分北方地区还会下雪，但是南方地区已经进入了早春时节，到处都是春意盎然的景象。

雨水时节是不是表示温暖的春天已经到来了呢？

并不是。雨水时节气温虽然有所上升，但是积雪融化要吸收大量热量，再加上阴雨连绵，阳光很少，天气变化多端，有时暖有时冷，“三月还有桃花雪”指的就是农历三月还有可能下雪，所以要预防气温突然下降这种“倒春寒”的现象。

某年的雨水前后，唐朝大诗人杜甫看到这春雨润泽万物的美景，心中十分喜悦，写下了这首赞美春雨的古诗：

春夜喜雨

［唐］杜甫

好雨知时节，当春乃发生。
随风潜入夜，润物细无声。
野径云俱黑，江船火独明。
晓看红湿处，花重锦官城。

诗词赏析

这场细雨似乎知道现在是春雨时节，选在了春天万物生长的时候降落下来。随着春风在夜里悄悄来到世间，默默地滋润着万物，没有一点声音。雨夜中，田间小路一片漆黑，只有江上渔船上的灯火还在亮着，周围一片寂静。第二天天亮的时候，估计可以看到锦官城（今四川成都）里的花儿经过春雨的洗礼后呈现出万紫千红的春色。花儿的美离不开春雨的滋润，诗人被春雨那默默无闻、无私奉献的品格所深深吸引，由衷地表示赞美。

雨水三候

一候

獭（tǎ）祭鱼

这时气温上升，河面冰雪融解，河水回暖，鱼儿开始活跃起来，引来了爱吃鱼的水獭。水獭的捕鱼能力很强，总是能抓到很多鱼，吃都吃不完，于是它们喜欢将捕到的鱼像祭品一样堆放在岸边，然后再慢慢享用美食。这个现象也说明了鱼肥水美，被古人认为是丰收的象征。

二候

鸿雁来

大雁是候鸟，天气渐渐回暖了，大雁便成群结伴从南方飞回北方，一会儿排成“人”字，一会儿排成“一”字，就像守信的信使，按照约定一样给人们带来希望和美好。

三候

草木萌动

在春雨无声的滋润下，小草和树木开始抽出嫩芽，慢慢换上绿色的衣裳，万物萌芽生长，一派欣欣向荣的景象。

传统习俗

占稻色

在华南稻谷作物种植的地方，人们会在雨水这天爆炒糯谷米花，来占卜这年稻谷的收成情况。爆出来的米花越多，就意味今年的稻谷收成越好，而爆出来的米花越少，则意味着今年稻谷收成不好。用爆米花来预测收成，看起来很神奇，其实是人们把头年预留的种子，爆炒之后根据多年的生产经验来断定成色，预判的准确率一般比较高。

接　寿

民间到了雨水节，出嫁的女儿会和丈夫一起带上礼物，回娘家探望父母。送节的礼物通常是藤椅，上面缠着红带子，称为“接寿”，寓意是祝岳父岳母长命百岁，同时也会送罐罐肉，表达对父母的养育之恩。而作为回赠，岳父岳母会送女婿一把雨伞，用意是为女婿遮风挡雨，祝福他平平安安。

拉保保

川西地区，人们会在雨水这天给自家孩子找个干爹。保保是四川方言，指的是干爹，找干爹是为了借助干爹的福气庇佑孩子，保佑孩子健康长大。比如孩子身体瘦弱，就可以找一个高大强壮的人做干爹，被拉着做干爹的人大多会爽快答应，认为是别人对自己的信任，自己也会好运起来。

经常会听到人们说“二月二，龙抬头”，过了雨水即将进入农历二月。在雨水节气里，以前人们会吃与“龙”有关的食物，来纪念在大旱中为农民降雨而被罚压在山下的天龙，如龙须饼。人们会在食物名称上加上“龙”，如面条会叫“龙须”，水饺会叫“龙耳”。

龙须饼

罐罐肉

这天，出嫁的女儿回娘家探望时会带上罐罐肉，就是用砂锅炖了五花肉、海带、大豆等，再用红纸和红绳封了罐口送给父母，因为是放在罐子里，所以叫罐罐肉。

煎堆

爆炒糯谷米花占卜收成的习俗慢慢淡化，后来演变成年底用爆米花做煎堆馅的习俗，而且煎堆外形是圆圆的，有团圆甜蜜的寓意，现在已经是广东人过年必备的一种食物。

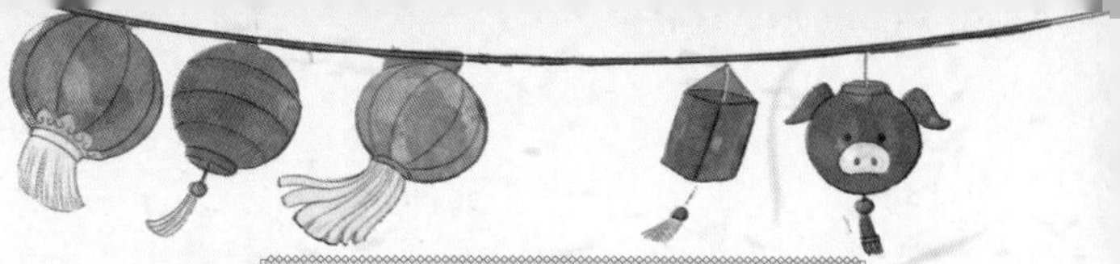

元宵节

正月十五元宵节在雨水前后，又称“灯节”，是中国的传统节日之一。正月是农历的元月，古人把“夜”称作“宵”，正月十五的夜晚是一年中第一个月圆之夜，所以叫“元宵节”。这天，会看到美丽的烟花绽放在天空中，街道上到处挂满漂亮的灯笼，人们除了赏花灯，还会把谜语贴在彩灯上来猜灯谜。北方地区，人们习惯在这天吃元宵，而南方人吃汤圆。虽然两种食物里面的馅料不同，但形状都是圆形，寓意着团团圆圆、阖家美满。另外，不少地方还会有看庙会、踩高跷和舞龙舞狮的活动，非常热闹。过了正月十五，春节也就算正式结束了。

农事活动

●及时灌溉和清理积水

雨水前后，冬麦、油菜等农作物普遍出现返青生长（指作物过冬后变回绿色恢复生长），这时足够的降水对作物的生长特别重要。

一些地区降水比较少，满足不了农业生产的需要，就要注意及时进行灌溉，保证今年的收成。而降水比较多的地区则要做好锄地的工作，抓紧对农作物加强清理积水的田间管理，以防雨水过多导致农作物烂根，影响收成。另外，也要做好选种、春耕、施肥等春耕春种的准备工作。

雨水养生

· 生活上 由于这个时节有“倒春寒”的现象，会遇到气温突然下降，这时要注意保暖，别着凉。

· 饮食上 雨水时节比较多雨，空气中湿气大，容易没有食欲、四肢乏力。平时可以多吃一些含钾丰富的食物，如香蕉、橙、苹果等。这些食物有利尿作用，帮助人体排除多余的水分，使人精神焕发。

· 运动上 可以通过运动出汗的方式祛除体内的湿气，但不要一开始就剧烈运动，应从慢跑、散步、郊游开始，等身体适应后再增加运动量，避免出汗太多导致身体不适。

· 情绪上 保持心情开朗有助于保持人体抵抗力，可以听听轻快的音乐，多到户外走走，看看风景，让心情更舒畅。

趣味小活动

1. 邀请爸爸妈妈一起来做关于雨水节气的手抄报，问问他们知道哪些雨水节气的习俗，把这些习俗都画在手抄报上。

2. 你还知道哪些关于雨水节气的谚语呢？请在爸爸妈妈的帮助下把这些谚语收集起来。

雨水小谚语

❖ 春雨贵如油。

❖ 雨水明，夏至晴。

❖ 雨打雨水节，二月落不歇。

❖ 七九河开，八九雁来。

❖ 七九八九雨水节，种田老汉不能歇。

❖ 雨水到来地解冻，化一层来耙一层。

❖ 有收无收在于水，收多收少在于肥。

❖ 雨水落雨三大碗，大河小河都要满。

❖ 雨水落了雨，阴阴沉沉到谷雨。

惊蛰

jīng zhé

所谓“春雷惊百虫”，轰隆隆的春雷声惊醒了在土里沉睡的小动物，所以叫作惊蛰，古时候也称为“启蛰”，蛰是藏的意思。惊蛰在每年公历**3月5日—7日**，是一个反映物候的节令，标志性的特征就是春雷乍动、万物生机勃勃。其实并不是雷声惊醒了这些小动物，而是因为这时春暖花开，气温上升快，春意渐渐变浓了，小动物们感受到温暖，纷纷醒来爬出地面，开启新一年的生活。

惊蛰时节是不是所有地方都会有春雷呢？

其实惊蛰初雷更适用于我国长江流域一带，而黄河流域一带这时几乎是没有春雷的，北方的初雷还要等到更晚的4月下旬。在这个节气，气温回升幅度大，我国大部分地区平均气温已升到0℃以上，阳光照射的时间明显增加，但冷空气依然频繁，冷暖空气交替，昼夜温差大，天气不稳定。

听着这“惊醒”小动物的春雷，我国晋朝时期伟大的田园诗人陶渊明有感而发，在隐居后写了一首关于惊蛰节气的拟古诗（指仿效古人的诗歌风格而作的诗）：

拟古（其三）

［晋］陶渊明

仲春遘（gòu）时雨，始雷发东隅（yú）。
众蛰各潜骇，草木纵横舒。
翩翩新来燕，双双入我庐。
先巢故尚在，相将还旧居。
自从分别来，门庭日荒芜。
我心固匪石，君情定何如？

诗词赏析

仲春二月，刚好遇上及时的春雨，阵阵春雷从东方响起，惊醒了藏起来冬眠的动物。草木在春雨的滋润下，纷纷舒展开枝叶，茁壮成长。此时春回大地，大自然生机勃勃。经过了一个寒冬，燕子也扇动着翅膀飞回自己的旧巢。最后两行诗中，诗人把燕子拟人化，问燕子久别重逢的心情如何，诗人与燕子的风趣对话非常生动活泼，也表达了他归隐田园的坚决意志。

惊蛰三候

一候

桃始华

“竹外桃花三两枝，春江水暖鸭先知。”此时气温变暖，春意更浓，桃树开始开花了，翠绿的枝干上三三两两地绽放着美丽娇嫩的桃花，开得越来越茂盛。

二候

仓庚鸣

“仓庚”指的是黄鹂鸟，春日和煦，阳光灿烂，黄鹂感受到春天的气息，从这个枝头跳到那个枝头，叽叽喳喳地叫着，叫声婉转动听，似乎欢喜地为人们报春。

三候

鹰化为鸠（jiū）

鸠指的是布谷鸟，在仲春时节，古人看不到鹰的踪迹，只看到布谷鸟，就误以为是鹰变成了布谷鸟，其实是鹰躲起来繁殖下一代。

传统习俗

祭白虎

民间传说白虎是口舌、是非之神，每年都会在惊蛰这天出来兴风作浪。人们用白纸做成纸老虎来拜祭，并用生猪肉抹在白虎的嘴上，使之充满油水，这样就不能张口说人是非了。

蒙鼓皮

古时人们认为惊蛰是雷声引起的，而雷声是由长着鸟嘴人身、有翅膀的雷神拿着锤和鼓敲击出来的，所以人们在惊蛰这天会顺应天时，纷纷蒙鼓皮敲鼓进行回应。

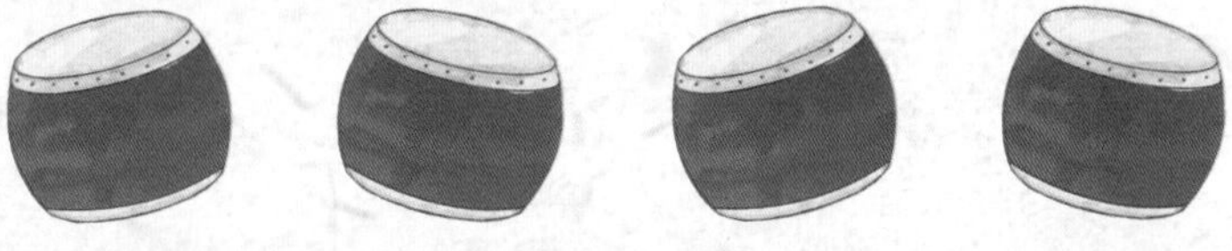

打小人

春雷“惊醒”了冬眠中的害虫，家中的虫虫蚁蚁也活跃起来，四处觅食。每到这天，人们会拿着清香和艾草，用香味驱赶蛇虫鼠蚁、驱散霉味。后来渐渐演变成“打小人”，期盼这年能顺顺利利，驱赶霉运。

惊蛰吃梨

炒惊蛰

每年惊蛰日，有些地方会用锅爆炒黄豆或者麦粒，寓意着“炒虫”，借此希望能减少黄蚁的危害。还有的人们会生火炉烙煎饼，用烟熏死害虫，意为“烟熏火燎灭害虫”。无论是“炒虫”还是“熏虫”，都提醒人们要及时灭虫除害。

民间有惊蛰吃梨的习俗，梨和“离”是谐音字，古人认为惊蛰吃梨可以让害虫远离庄稼，保证全年的好收成。也有一种说法是惊蛰吃梨寓意着努力创业、光宗耀祖。不过，这个时节气候比较干燥，人们容易上火，吃梨也可以润肺止咳，适合天气多变的春日。

农事活动

●防旱施肥、防治虫害

惊蛰时大地一片生机勃勃，此时土地已完全解冻，这对农业生产有着相当重要的意义。“过了惊蛰节，春耕忙不歇。”此后，农民要开始起早贪黑，忙于农活。

此时北方冬小麦返青生长，南方的油菜开始见花，需要比较多的水和肥，所以要及时翻地，适时加肥，干旱少雨的地方要浇水灌溉。另外，天气温暖湿润，过冬的虫卵开始卵化，这就容易造成多种病虫害的发生和蔓延，要特别注意病虫害的防治和家禽家畜的防疫。

惊蛰养生

· 生活上 早睡早起，不要熬夜，这时候睡得越晚越容易腰酸背痛，没有精神。另外可以在家里增加些绿色植物，绿色植物有助于净化空气，帮助调节和改善人体生理功能。

· 饮食上 惊蛰后天气变暖，气候比较干燥，饮食应该清淡，多吃一些新鲜蔬菜和富含蛋白质、维生素的食物，如春笋、菠菜、芹菜、牛奶、鸡蛋等，少吃油腻刺激的食物，适当喝一些滋补的五谷粥等，有利于补益气血、调整脏腑。

· 运动上 这时适量的运动锻炼有利于活气血、通经络，同时要注意身体局部的保暖，可以进行局部按摩等。

· 情绪上 在这个时节，可以适当增加丰富多彩的业余活动，如唱歌跳舞、欣赏音乐、看电影、外出散步等，帮助转移注意力，保持情绪上的稳定，避免心情不愉快。

趣味小活动

1. 和爸爸妈妈一起找找还有哪些古诗是关于惊蛰节气的，看看诗中描写了怎样的景色。

2. 动动手，在白纸上画一只老虎并做成纸老虎，和爸爸妈妈比比看谁的纸老虎更像。

惊蛰小谚语

- 冷惊蛰，暖春分。
- 春雷响，万物长。
- 惊蛰春雷响，农民闲转忙。
- 过了惊蛰节，春耕忙不歇。
- 惊蛰吹南风，秧苗迟下种。
- 惊蛰刮北风，从头另过冬。
- 惊蛰一犁土，春分地气通。
- 惊蛰有雨并闪雷，麦积场中如土堆。

chūn fēn
春分

春分约为每年公历 **3 月 20 日—22 日**之间，是古人最早确立的四个节气之一，“分”是一半的意思，表示此时春季已经过了一半。春分这天，太阳直射地球赤道，南北半球昼夜等长，白天和黑夜均为 12 小时，古人又称它为日夜分。过了春分，北半球的白天会越来越长，到处呈现一派暖意融融、春光灿烂的景象。

都到春分了，真正的春季应该到了吧？

春分时节，我国多地终于度过了寒冬，气温已经回升到 10℃左右，进入真正的春季。这时江南地区降水迅速增多，空气变得湿润，而北方大部分地区的降水依然很少，并且大风沙尘天气比较常见，有时候还会出现连续阴雨和“倒春寒”的天气。

某年春分时节，清朝著名诗人宋琬看到乡村里美好的春日风景，顿感岁月静好，对乡村自在的生活表示十分赞美，于是写下了这首诗：

春日田家

[清] 宋琬

野田黄雀自为群，

山叟相过话旧闻。

夜半饭牛呼妇起，

明朝种树是春分。

诗词赏析

田野里一群群的黄雀在四处觅食，这时，村中的一位老翁经过，遇到认识的人，会与对方聊起过去发生的一些事情。晚上，老翁喂牛的时候，把老伴叫醒，互相商量着明天春分种树的事情。这首诗从春日的田野写起，然后写了老翁朴素简单的生活，充满着浓浓的乡村气息，给读者描绘了一幅美好的春日乡村风情图。

春分三候

一候

玄鸟至

玄鸟指的是燕子，在温暖的春天里，北方的天气一天比一天暖和，在南方过冬的燕子飞回来了，在屋檐下飞来飞去、衔泥筑巢。燕子是一种候鸟，每年春来秋去，根据季节变化进行迁徙。

二候

雷乃发声

冬天的时候由于空气寒冷干燥，太阳辐射较弱，空气不易形成对流，所以很少有雷电。而到了春分时节，气候回暖，雨水增多，天空开始响起轰隆隆的雷声。

三候

始电

雨淅沥沥地下着，除了有雷声，人们也可以看到从云间劈下的闪电。由于光在空气中的传播速度比声音快很多，所以一般都是先看到闪电然后再听到雷声。

传统习俗

竖　蛋

人们会在春分这一天玩“竖蛋”的游戏，也叫“立蛋”，找一个光滑匀称的新鲜鸡蛋，在桌子上把它立起来，因此有“春分到，蛋儿俏”的说法。有说法认为春分日昼夜平分，地球磁场相对平衡，所以容易把鸡蛋立起来，其实把鸡蛋立起来最关键的因素在于要有足够的耐心和技巧。

放风筝

放风筝是很古老的春季娱乐活动，最开始的风筝是由木头、竹子或牛皮做的，直到造纸术改进后，民间才开始用纸做风筝，所以风筝也叫“纸鸢”。春分正是放风筝的好时候，趁着和暖的东风，大家争先恐后地放起风筝，既好玩又能锻炼身体，一举两得。

粘雀子嘴

这天大家都要吃汤圆，人们还会煮好几十个不包心的汤圆，用细竹签插好立在田边地头上，据说麻雀等鸟类吃了会黏住嘴巴，这样就不会来啄食庄稼了。

犒劳耕牛、祭祀百鸟

春分到了，江南地区有犒劳耕牛、祭祀百鸟的习俗。耕牛要开始一年的辛勤劳作了，农户会用糯米团喂耕牛表示犒赏。祭祀百鸟则是感谢它们提醒农时，还有希望鸟类不要啄食五谷，以免影响收成。

酿“春分酒”

这个时节，万物复苏，酿酒微生物开始活跃起来，酿出的酒更加香醇，所以此时是酿酒的好时期。有些地方比如山西地区会有春分酿酒的习俗，除了酿酒，还会用酒、醋来祭祀祖先，祈求庄稼丰收。

酒酿饼

酒酿饼主要是南方地区的节令点心，馅料有荤也有素，素的酒酿饼一般是在面团里加入酒酿，然后裹入豆沙味、玫瑰味或薄荷味的馅料，用油煎至焦黄色，色泽鲜艳，趁热吃口感最佳。

吃春菜

岭南地区有春分吃春菜的习俗，春菜是一种嫩绿色的野苋菜，大约有一个巴掌那么长，也被乡人称为“春碧蒿”。春分那天，全村人都会去采摘春菜，采回的春菜会和鱼片一起做成汤，也叫“春汤”，祈求全家老少平安健康。

农事活动

●春耕春种、植树造林

这个时节，我国大部分地区的越冬作物进入春季生长阶段，如越冬返青的麦子，所以正处于春季田间管理、春耕春种的大忙时期，正所谓“春分麦起身，一刻值千金”。正如诗句“明朝种树是春分”所说，此时也是植树造林、移花接木的好时期。

●御寒抗旱

北方大部分地区降水少，还可能会“倒春寒”，所以御寒抗旱是此时重要的农事活动，要抓紧灌溉、施肥，注意防御晚霜冻害。

春分养生

·生活上 春分时节的昼夜温差还是比较大的，要注意适时添衣，多晒晒春日的太阳，驱散寒气，同时要保证足够的休息，不要熬夜。

·饮食上 多吃韭菜和豆芽等食材，韭菜可以增强人体脾胃之气，而豆芽有助于疏通肝气、健脾和胃、活化身体生长机能。此外可以多吃桑葚、樱桃和草莓等时令水果，润肺生津、滋补养肝。

·运动上 温和的春日容易让人觉得困倦和疲惫，我们称之为“春困”。此时应适当进行锻炼和户外活动，但注意不要选择太剧烈的运动，避免出汗太多。

·情绪上 这个时节潮湿阴郁，有时晴暖，有时阴雨，容易使情绪起伏不定，会出现烦躁不安、失眠、易疲劳的现象，要注意休息，多出去呼吸一下新鲜空气，接触下大自然，保持心情舒畅。

趣味小活动

1. 邀请爸爸妈妈一起来玩“立蛋”的游戏吧，比赛看看谁可以先把鸡蛋立起来。

2. 和父母一起制作或者买一个自己喜欢的风筝，然后一起到郊外去放风筝，感受下温暖的春风。

春分小谚语

◆ 春分秋分，昼夜平分。

◆ 春分不冷清明冷。

◆ 春分不暖，秋分不凉。

◆ 春分有雨是丰年。

◆ 春分前冷，春分后暖；春分前暖，春分后冷。

◆ 春分阴雨天，春季雨不歇。

◆ 吃了春分饭，一天长一线。

◆ 春分刮大风，刮到四月中。

◆ 春分有雨到清明，清明下雨无路行。

◆ 春分早报西南风，台风虫害有一宗。

qīng míng
清明

清明一般在每年公历 **4 月 4 日—6 日**，“清明”有天清地明的寓意，与天气物候的特点有关。这个时节，天气清澈明朗，杨柳青青，景色清秀，万物欣欣向荣，所以叫作“清明”。清明既是节气又是节日，这时气温升高，雨量增多，是春耕和植树的好时节，同时也是人们扫墓祭祖的节日。

清明时节是不是真的雨纷纷呢？

这个时节，我国大部分地区的日平均气温已经超过 12℃，黄河流域及以南的地区几乎不再下雪，所以有“清明断雪，谷雨断霜”的说法。此时，北方气温回升很快，降水少，干燥多风，是一年中沙尘天气多的时段，很少“雨纷纷”。而南方地区冷暖空气交汇，降水明显增加，空气变得潮湿，所以“雨纷纷”更符合南方地区的气候特征。

有一年清明时节，细雨纷纷、烟雾迷蒙，整个天地仿佛笼罩在一层薄纱中。唐朝大诗人杜牧走在乡间小路上，将自己的所见所闻写成了一首关于清明节的诗：

清 明

［唐］杜牧

清明时节雨纷纷，
路上行人欲断魂。
借问酒家何处有？
牧童遥指杏花村。

诗词赏析

清明时节，细雨下个不停，绵绵不绝，路上羁旅的行人纷纷从诗人身旁经过，神色忧伤。诗人独自一人赶路，心情也跟着阴郁起来，想找个酒家坐一坐，一来可以避避雨，二来想喝点小酒来缓解一下愁情。刚好这时有个牧童经过，牧童并没有直接用言语回答，而是用手指了指稍远处的杏花村，只见在那美丽的杏花开放的地方，隐隐约约有个村庄。诗人接下来到杏花村又会发生什么故事呢？这首诗写到这里点到即止，留给人们无限的想象空间。

清明三候

一候 桐始华

“桐”指的是桐花，主要是白桐花，是清明的节气之花。白桐花在春季开得比较晚，花期在清明时节，所以俗话说“桐花开，清明到”。如果白桐花已经开过了，说明百花争艳的春天即将过去。

二候 田鼠化为鴽（rú）

鴽是指鹌鹑之类的小鸟。春日阳光暖暖的，气温升高，田鼠因为不喜阳光而躲回自己的洞里了，喜欢温暖的鸟儿则开始出来活动了，享受这美好温暖的春光。

三候 虹始见

清明时节降雨增多，雨后春光明媚，阳光照射到雨滴上，由于折射作用，天空中经常能看到美丽的彩虹。

传统习俗

踏　青

踏青又叫春游，是自古就有的民间习俗，古时也叫探春、寻春等。此时春暖花开，阳光明媚，到处一片生机，正是远足踏青的好时机。到郊外去春游，做些轻微的运动，既有助于增强人体活力，又能缓解紧张的情绪。

插　柳

清明插柳的习俗在我国历史悠久，最初人们会把柳条插在屋檐下或家门口，用来预报天气，有“柳条青，雨蒙蒙；柳条干，晴了天”的说法。后来民间清明插柳逐渐有了辟邪消灾保平安的寓意。

植树造林

我国自古以来就有清明植树的习俗。“植树造林，莫过清明。”清明时节雨量增多，日照充足，温度适宜，这时的天气适合幼苗生长，种植树苗成活率高，成长快，是栽种树木的好时机。

青团

青团又叫清明饼或艾叶粑粑，清明节的时候，南方人都会吃青团。用一些艾草汁放在糯米粉中混合均匀后，将糯米粉制成青团后蒸熟，有些地方还会在青团里面加入馅料。

荡秋千

荡秋千是中国古代清明节的习俗，最早叫“千秋”，后来由于“千秋”是皇宫里的祝寿用词，为了避讳，改为“秋千”。古代的秋千一般是以树杈为架，再拴上彩带做成，逐步发展为现在的两根绳索加上踏板的形状。荡秋千既可以培养勇敢精神，又能促进健康、愉悦心情，受到大家尤其是孩子们的喜爱。

冷食

清明节还保留着一些寒食节（古代的一个节日，在清明节前一天）的习俗，有些地方会在清明节吃冷食。在清明当日，人们不开火煮食物，所以会提前煮好鸡蛋、冷饽饽、冷煎饼和凉大麦粥等。

清明节

清明节既是中国的传统节日之一，也是最重要的祭祀节日，最主要的习俗是扫墓祭祖。入春过后，雨水增多，草木生长，此时无论人们身在何处，都会回乡参加祭祀祖先的活动，给坟墓清除杂草、添加新土，还会把食物等祭品供奉在祖先的墓前，进行简单的祭祀仪式，表达对亲人的思念之情。虽然祭祀形式和纪念活动在不同的地方会有所不同，但大家缅怀先人的心情是一样的。

农事活动

● **“清明前后，种瓜点豆”**

这个时节是南方作物生长的旺季，是播种的大好时节。作物生长需要大量水分，清明的雨水刚好满足了这一需要，有利于作物生长。但是对于一些降水比较少的地区，还是要注意及时灌溉，保证作物的水分供应。

● **防寒防冻**

这时候虽然气温回升，但是天气还是不稳定，忽冷忽热，可能会有寒潮出现。为了避免寒冷的天气影响作物的生长，要注意做好作物的防寒防冻的工作。

清明养生

· **生活上** 春天百花盛开，各种花的花粉会飘浮在空中，对花粉过敏的人要注意外出戴口罩，大风的日子应减少外出，避免不慎吸入花粉而引起过敏。另外，这个时节天气多变，昼夜温差大，最好准备一件可随时穿脱的外套。

· **饮食上** 这个时节雨水增多，需要除烦祛湿，增强免疫力，可以选择健脾补肺的食物，如山药等，同时要多喝一些五谷粥，多吃时令蔬果，帮助人体自我调节。

· **运动上** 此时春色宜人，应做些户外活动，可以选择去远足踏青或者放风筝等，锻炼身体的同时有助于呼吸大自然的新鲜空气，驱散体内的寒气，有益于身心健康。

· **情绪上** 阴雨天频繁，容易使人感到沉闷和烦躁，此时需要尽量减轻和消除异常的情绪反应，保持心情舒畅。

趣味小活动

1. 天气好的时候和家人一起外出踏青郊游，并收集一些掉落的树叶做成春天的树叶贴画吧。

2. 和爸爸妈妈一起种植一棵小树吧，并观察和记录下小树的生长过程。

清明小谚语

❖ 雨打清明前，洼地好种田。

❖ 清明难得晴，谷雨难得阴。

❖ 清明前后一场雨，胜似秀才中了举。

❖ 阴雨下了清明节，断断续续三个月。

❖ 清明后，谷雨前，又种高粱又种棉。

❖ 麦怕清明霜，谷要秋来早。

❖ 清明有霜梅雨少。

❖ 清明有雾，夏秋有雨。

❖ 清明一吹西北风，当年天旱黄风多。

❖ 清明北风十天寒，春霜结束在眼前。

gǔ yǔ
谷雨

谷雨在每年公历**4 月 19 日—21 日**之间，是春季的最后一个节气。这个时节降雨频繁，气温偏高，意味着寒潮天气基本结束。谷雨是“雨生百谷”的意思，降雨多有利于谷物的生长，对于农业耕作来说，谷雨是很重要的节气。

谷雨降水那么频繁，为什么还说“雨贵如油”呢？

原来，在我国西北和华北地区，春季的降水量约占全年总量的十分之一，大风沙尘天气更为常见，晴天艳阳多、光照强烈、水分蒸发大，雨水比较紧缺，容易出现干旱，所以有“雨贵如油”的说法。此时华南地区除了北部和西部，降雨明显增多，温度逐渐超过 20℃，华南东部甚至会出现 30℃以上的高温天气，人们开始感到炎热。

谷雨时节对于农家来说是一个忙碌的时节，他们会忙什么呢？唐朝诗人王建就写了一首山水田园诗来描绘这一幅谷雨山村农忙图：

雨过山村

［唐］王建

雨里鸡鸣一两家，
竹溪村路板桥斜。
妇姑相唤浴蚕去，
闲着中庭栀子花。

诗词赏析

谷雨时节的下雨天里，从宁静的山村远远地传来了几声鸡叫。沿着弯弯曲曲的小路一直走，慢慢地看到流淌着的小溪和两边的翠竹，然后不知不觉来到了村口歪歪斜斜的小桥前。村里的妇人们相互打着招呼，忙着一起去选蚕种，因为谷雨时节正是养蚕的时候。在这个农忙时节，庭院里美丽的栀子花静静地开放着，但是大家都没有时间去驻足欣赏。这首诗写出了谷雨时节的景色和农家的活动，富有诗情画意，又充满劳动生活气息，深受大家的喜爱。

谷雨三候

一候 萍始生

谷雨后降雨增多，雨水充足，水温升高，而浮萍生长于温暖的气候和潮湿的环境，所以池塘里的浮萍开始长出来了。浮萍可以作为鱼类和猪、鸭等动物的良好饲料。

二候 鸣鸠拂其羽

鸣鸠就是布谷鸟，这时候布谷鸟在田间一边梳理自己的羽毛，一边鸣叫，发出“布谷、布谷”的声音，听起来像“播谷”，好像在提醒人们是时候播种了。

三候 戴胜降于桑

戴胜指戴胜鸟，又叫花蒲扇、山和尚、鸡冠鸟，头顶有醒目的羽冠，像一把扇子，嘴巴又细又窄，向下弯曲。谷雨时节，桑树越长越茂盛，戴胜鸟在桑树中飞来飞去。

传统习俗

除五毒

五毒指的是蛇、蝎子、蜈蚣、壁虎和蟾蜍。谷雨以后气温升高，害虫进入繁殖高峰期。为了减轻病虫害对作物和人的影响，人们会在灭虫的同时用黄表纸制作一种年画叫“谷雨贴”，上面画着神鸡捉蝎子和天师除五毒的形象，祈求能消灭害虫，表达了人们驱除害虫、渴望丰收的心情。

赏牡丹

“谷雨过三天，园里看牡丹。”牡丹的花期在农历三月，正是谷雨时节，因此牡丹也被称作“谷雨花”。牡丹花颜色美艳，品种繁多，有“国色天香”的美誉。以前人们会在谷雨举行牡丹花会，与亲朋好友一起欣赏牡丹。

祭　海

谷雨时节正值渔汛，在谷雨这天，为了出海平安顺利，渔民们会进行海祭活动，祈求海神保佑。祭祀的时候，渔民们会抬着猪头、鱼、饽饽等供品到庙里或海边，敲锣打鼓、踩高跷、舞狮舞龙，场面十分隆重，所以谷雨节也叫作渔民出海的“壮行节”。

吃香椿

香椿是香椿树的嫩芽或嫩叶，它的叶和芽都可以做成菜。谷雨时节，香椿树满枝都是嫩芽，这时的香椿非常鲜香爽口、营养价值高。人们喜欢用香椿芽拌面筋、用香椿叶拌豆腐，十分鲜美好吃。

采　茶

谷雨茶又叫“雨前茶”，是谷雨前后采摘的茶。这时的茶味道清香、色泽碧绿，所含维生素、氨基酸等营养物质比其他季节采摘的茶叶要高，是茶中精品，所以谷雨是采摘春茶的好时节。无论这天天气怎么样，人们一般都会去茶山摘一些新茶回来喝，以祈求健康。

祭仓颉

谷雨这天，人们还会祭祀文祖仓颉。相传在很久很久以前，仓颉创造了文字，开启了人类智慧，天帝非常感动，为了表彰他的功劳，就赐了一场谷子雨，于是就有了“谷雨”，所以当地人们在这天会去仓颉庙进行祭祀，表达对仓颉的感恩和怀念。

农事活动

●防湿除害

谷雨时节，很多作物处于生产管理的关键时期，而此时阴雨频繁，气温偏高，作物容易发生病虫害，所以对作物的防湿、除病虫害不能松懈，同时也要及时施肥，促进作物生长。

●抗旱灌溉

各种作物都需要雨水才能茁壮成长，在降水不足的地区，容易造成干旱，这时要注意采取一些灌溉措施，减少干旱对作物生长的影响。

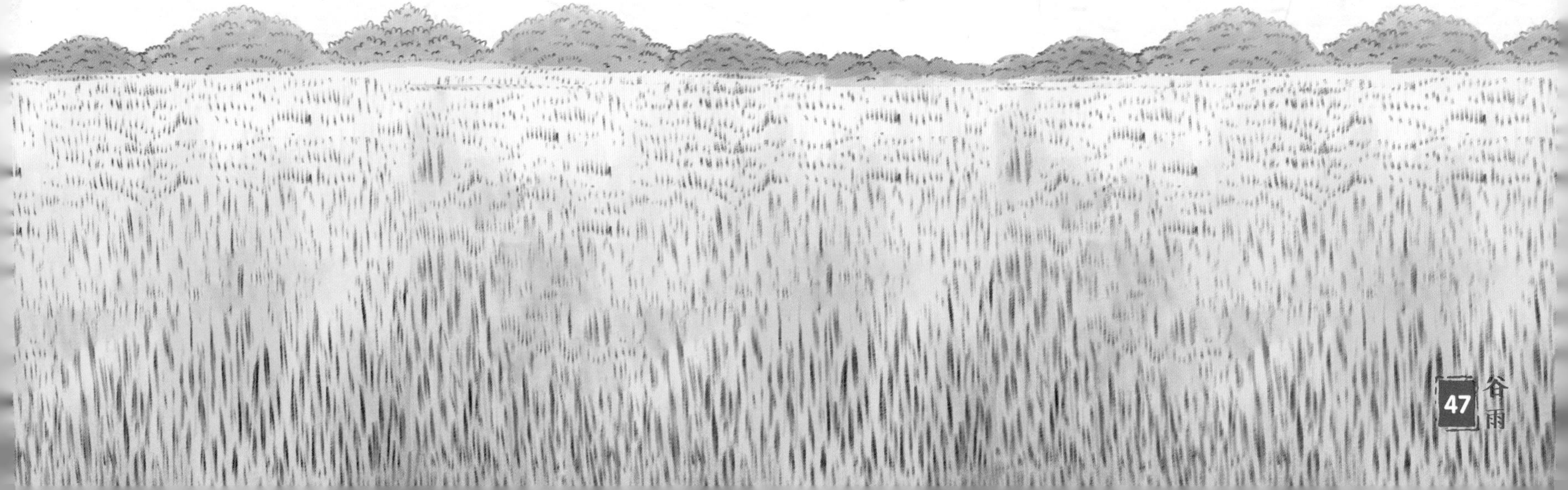

谷雨养生

·生活上 谷雨雨水较多，生活中要注意保暖防寒，在室内多开窗通风，少到公共场所，注意日常消毒，保持个人的清洁卫生，预防流行性感冒。此外，这个时节蚊虫也比较多，要注意防蚊，以免被叮咬。

·饮食上 谷雨虽然意味着寒潮天气基本结束，但这时天还没热，过早吃太多冷饮会让胃肠道受到刺激，容易出现腹痛、腹泻等症状。此时应多吃些低脂肪、高维生素、高矿物质的食物，如菠菜、香椿芽等。

·运动上 这个时节空气湿度大，人体自身调节非常重要，要坚持体育锻炼，促进身体新陈代谢，增加出汗量，以便排出体内的湿热之气。

·情绪上 在谷雨时节，人体容易感到困倦和情绪低落，此时可以做一些自己喜欢的事情，如听听舒缓的音乐，安定情绪，让心情畅快开朗一些。

趣味小活动

1. 你会做“谷雨贴”了吗？试着和爸爸妈妈一起来制作“谷雨贴”吧！
2. 牡丹花多美丽呀，请你画一幅牡丹花送给爸爸妈妈吧。

谷雨小谚语

- 谷雨天，忙种烟。
- 谷雨种棉花，能长好疙瘩。
- 谷雨麦挑旗，立夏麦头齐。
- 谷雨下秧，大致无妨。
- 谷雨过三天，园里看牡丹。
- 谷雨栽上红薯秧，一棵能收一大筐。
- 谷雨前后栽地瓜，最好不要过立夏。
- 棉花种在谷雨前，开得利索苗儿全。
- 清明高粱接种谷，谷雨棉花再种薯。
- 谷雨时节种谷天，南坡北洼忙种棉。

二十四节气大百科

思维导图小册子

二十四节气是什么？

听伴读

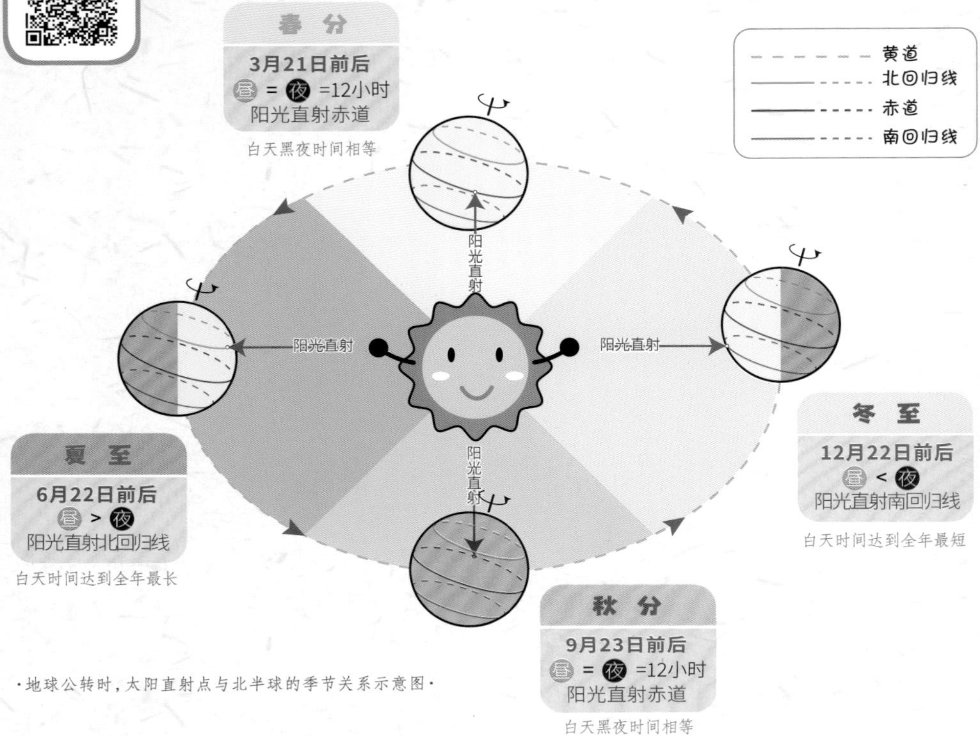

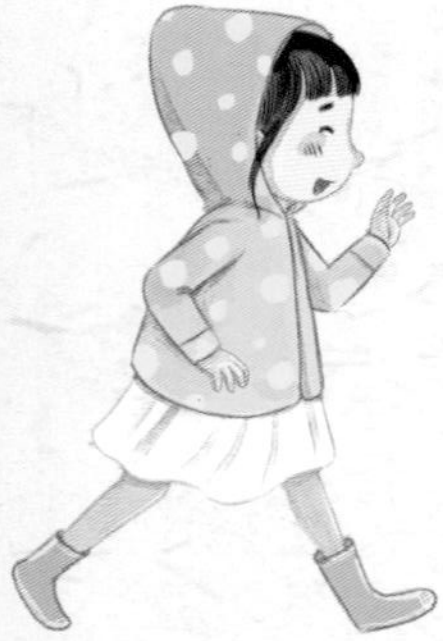

·地球公转时，太阳直射点与北半球的季节关系示意图·

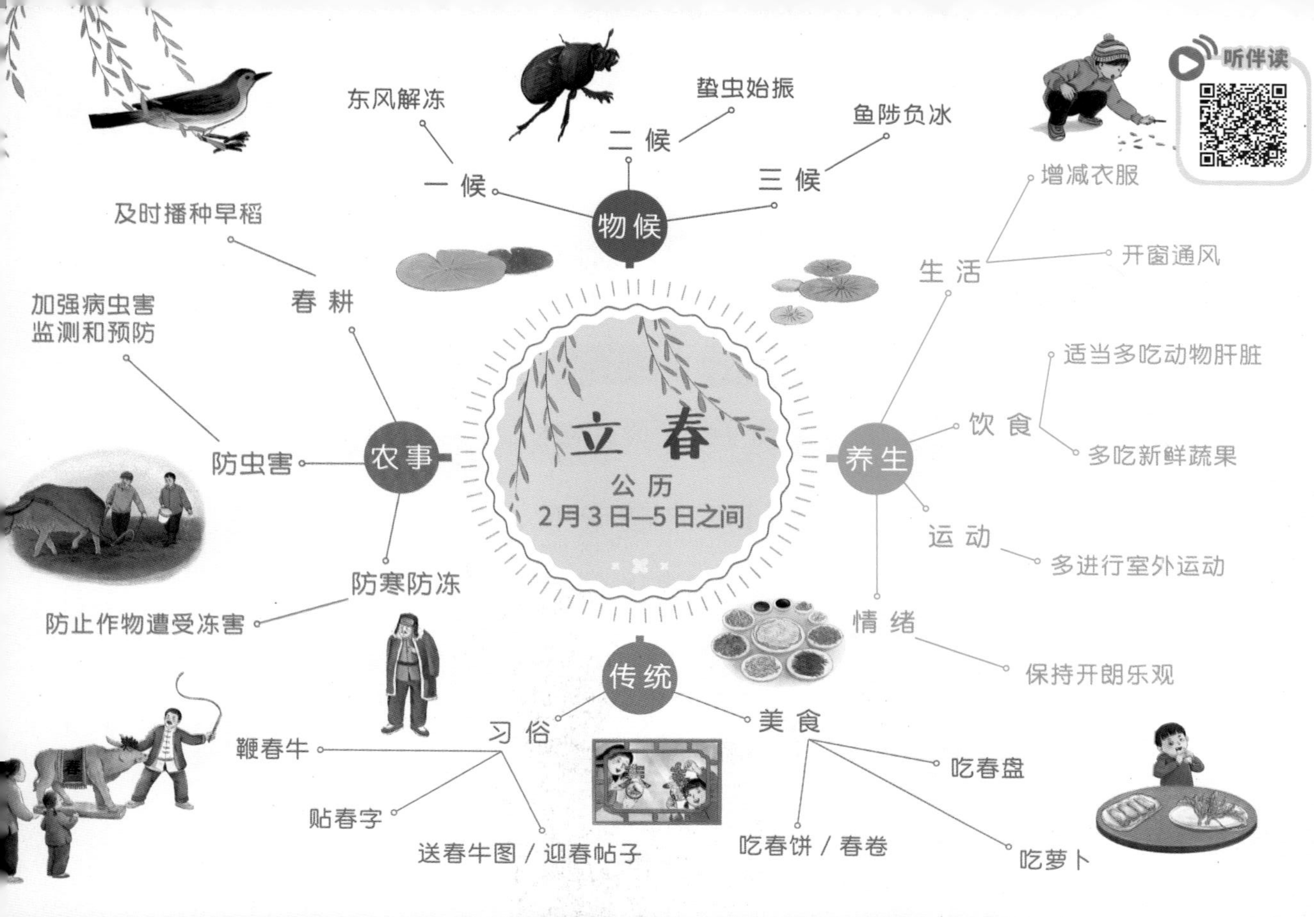

立春
公历
2月3日—5日之间
物候
一候
东风解冻
二候
蛰虫始振
三候
鱼陟负冰
农事
春耕
及时播种早稻
防虫害
加强病虫害监测和预防
防寒防冻
防止作物遭受冻害
养生
生活
增减衣服
开窗通风
饮食
适当多吃动物肝脏
多吃新鲜蔬果
运动
多进行室外运动
情绪
保持开朗乐观
传统
习俗
鞭春牛
贴春字
送春牛图 / 迎春帖子
美食
吃春盘
吃春饼 / 春卷
吃萝卜
听伴读

元日

[宋]王安石

※ 王安石：字介甫，号半山，北宋著名思想家、政治家、文学家，“唐宋八大家”之一。

※ 唐宋八大家有柳宗元（唐）、韩愈（唐）、欧阳修、苏洵、苏轼、苏辙、王安石、曾巩。

※ 元日：农历正月初一（春节）。

※ 中国四大传统节日：春节、清明节、端午节、中秋节。

爆竹声中一岁除，

春风送暖入屠苏。

千门万户曈曈日，

总把新桃换旧符。

※ 传说是为了吓走一种叫“年”的怪兽，后来演变为放鞭炮。

※ 一岁除：一年已尽，这里指辞旧迎新。

※ 屠苏：用屠苏草泡的酒，用来辟邪。

※ 曈曈：温暖的阳光照耀下的样子；形近字：瞳，瞳孔，指眼睛。

※ 桃符：有神灵名字或者画像的桃木，俗称“门神”，用来驱邪祈福。

※ 押韵：“除 chú”“苏 sū”“符 fú”的韵母都是“u”。
韵母是“u”的字还有：出、厨、楚、处、书、鼠、树、夫、父、富、苦、裤……

听伴读

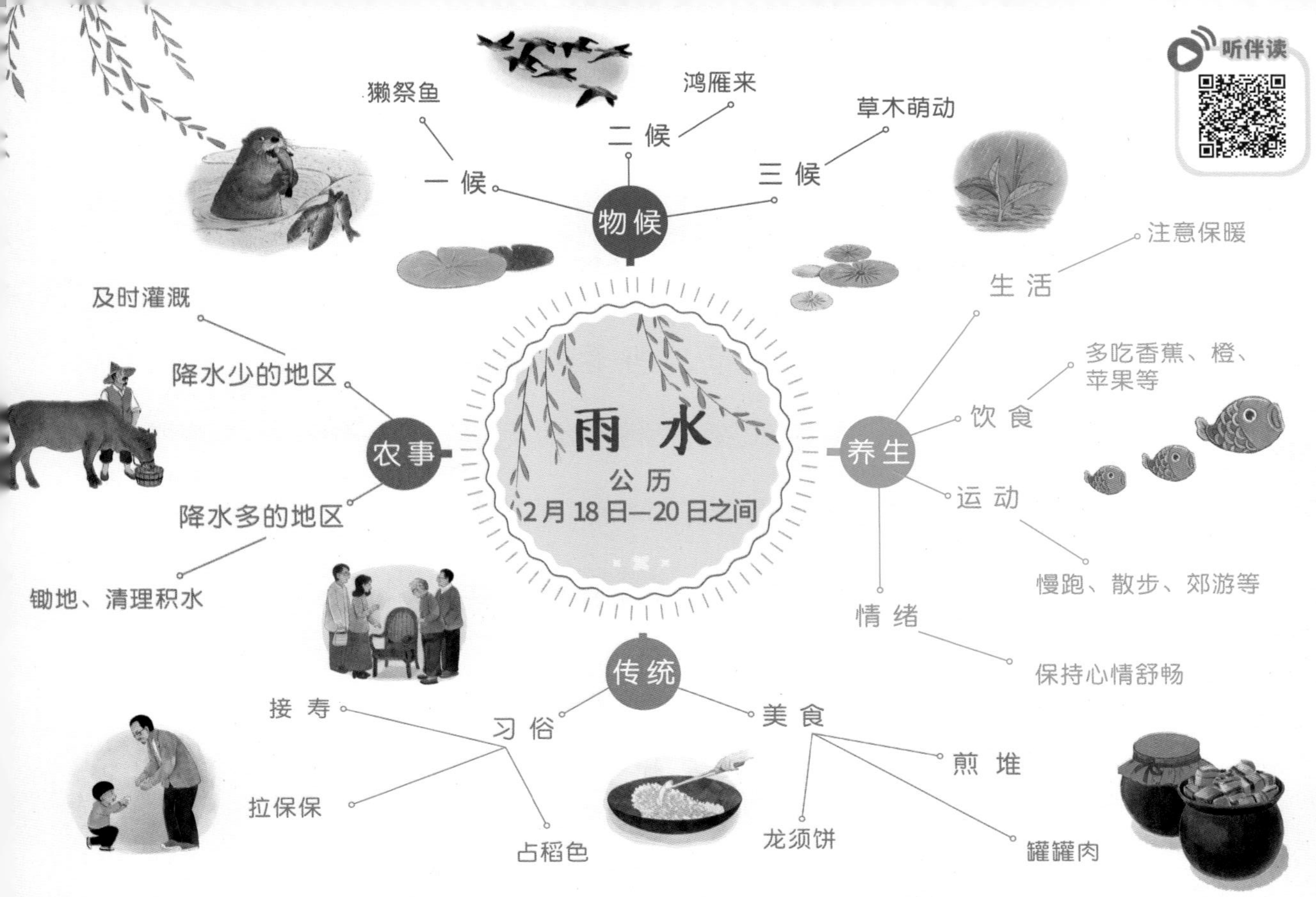
雨 水
公 历
2月18日—20日之间
物候
一 候
獭祭鱼
二 候
鸿雁来
三 候
草木萌动
农事
降水少的地区
及时灌溉
降水多的地区
锄地、清理积水
养生
生 活
注意保暖
饮 食
多吃香蕉、橙、苹果等
运 动
慢跑、散步、郊游等
情 绪
保持心情舒畅
传统
习 俗
接 寿
拉保保
占稻色
美 食
煎 堆
龙须饼
罐罐肉
听伴读

春夜喜雨

[唐]杜　甫

好雨知时节，当春乃发生。
随风潜入夜，润物细无声。
野径云俱黑，江船火独明。
晓看红湿处，花重锦官城。

※ 描写春雨的古诗还有唐代诗人孟浩然的《春晓》。

※ 字子美，唐代伟大诗人，与李白合称为“大李杜”。“小李杜”：指唐代著名诗人李商隐和杜牧。

※ 指植物萌发生长。

※ 野，田野。指田野间的小路。

※ 押韵：“生 shēng”“声 shēng”“城 chéng”的韵母都是“eng”。
韵母是“eng”的字还有：成、冷、更、横、风、朋……

※ 天刚刚亮的时候。

※ 被雨水淋湿的花丛。

※ 雨水落在花朵上，让花朵显得沉重。

※ 指现今的成都，古时主持织锦的官员曾经驻扎在这里，所以称为“锦官城”。

听伴读

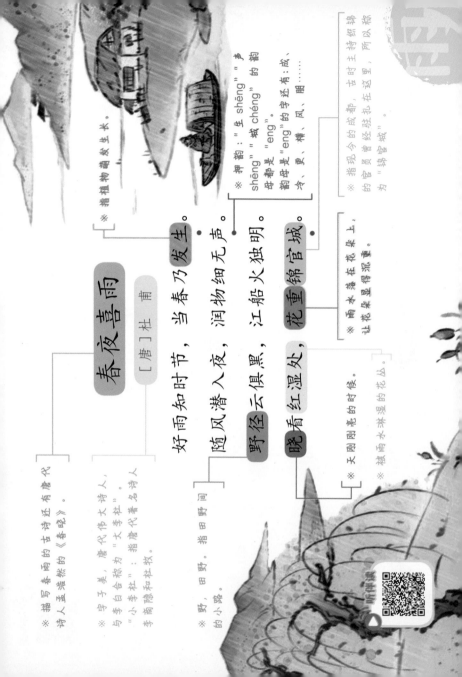

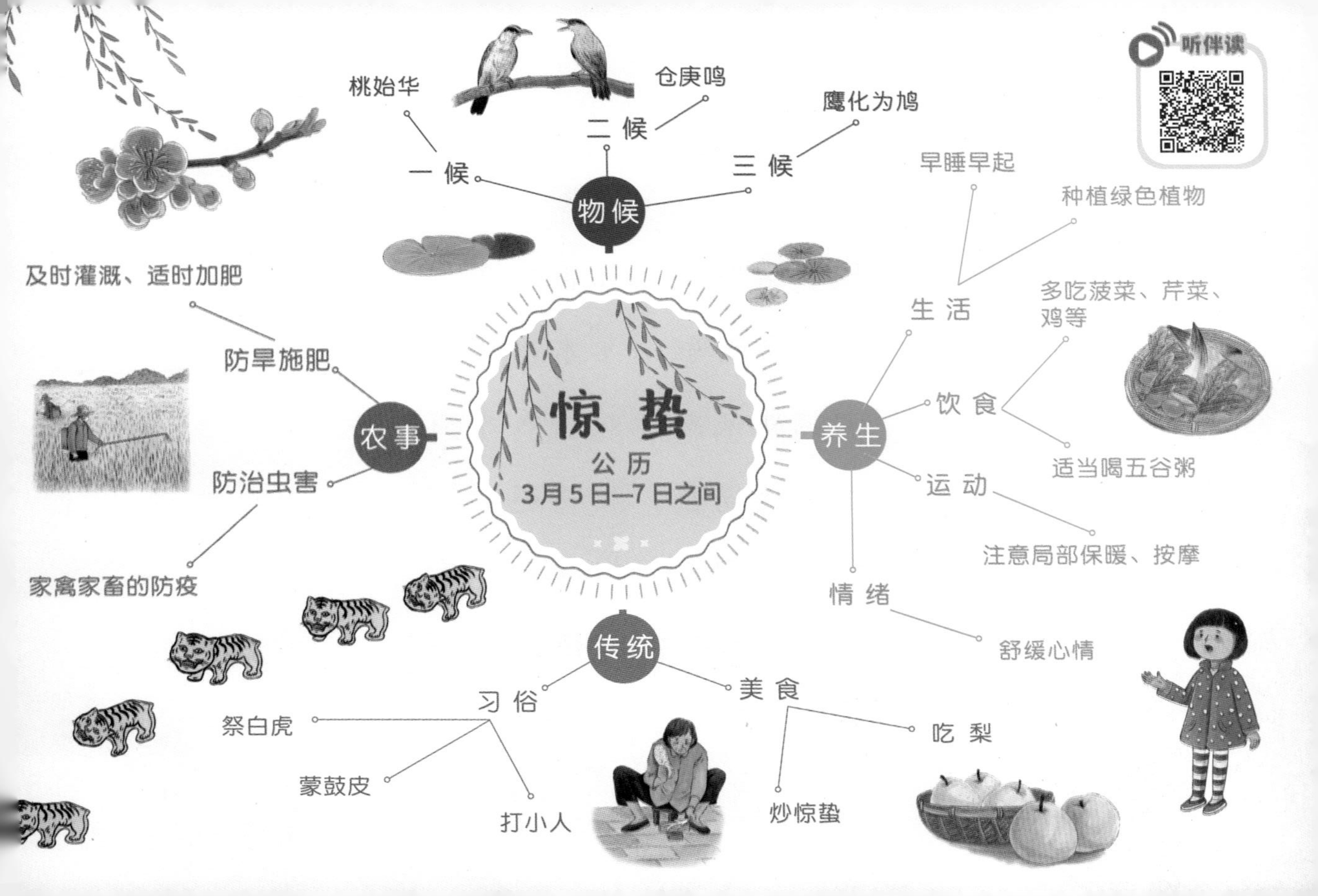
惊蛰
公历
3月5日—7日之间
物候
一候
桃始华
二候
仓庚鸣
三候
鹰化为鸠
农事
防旱施肥
及时灌溉、适时加肥
防治虫害
家禽家畜的防疫
养生
生活
早睡早起
种植绿色植物
饮食
多吃菠菜、芹菜、鸡等
适当喝五谷粥
运动
注意局部保暖、按摩
情绪
舒缓心情
传统
习俗
祭白虎
蒙鼓皮
打小人
美食
吃梨
炒惊蛰
听伴读

拟古（其三）

※ 模仿古人风格的诗文。这组拟古诗共九首，这首是第三首。

［晋］陶渊明

※ 名潜，字渊明，自号“五柳先生”，东晋末年伟大诗人，也是中国第一位田园诗人。

仲春遘时雨，始雷发东隅。
众蛰各潜骇，草木纵横舒。
翩翩新来燕，双双入我庐。
先巢故尚在，相将还旧居。
自从分别来，门庭日荒芜。
我心固匪石，君情定何如？

※ 仲春：二月。

※ 遘：遇到，遇上。

※ 东隅：指东方。

※ 蛰：指各种冬眠的蛰虫。

※ 纵横：舒展的样子。

※ 匪：非，不是。

※ 押韵：“舒 shū”“庐 lú”“芜 wú”“如 rú”的韵母都是“u”。韵母是“u”的字还有：住、助、蔬……

听伴读

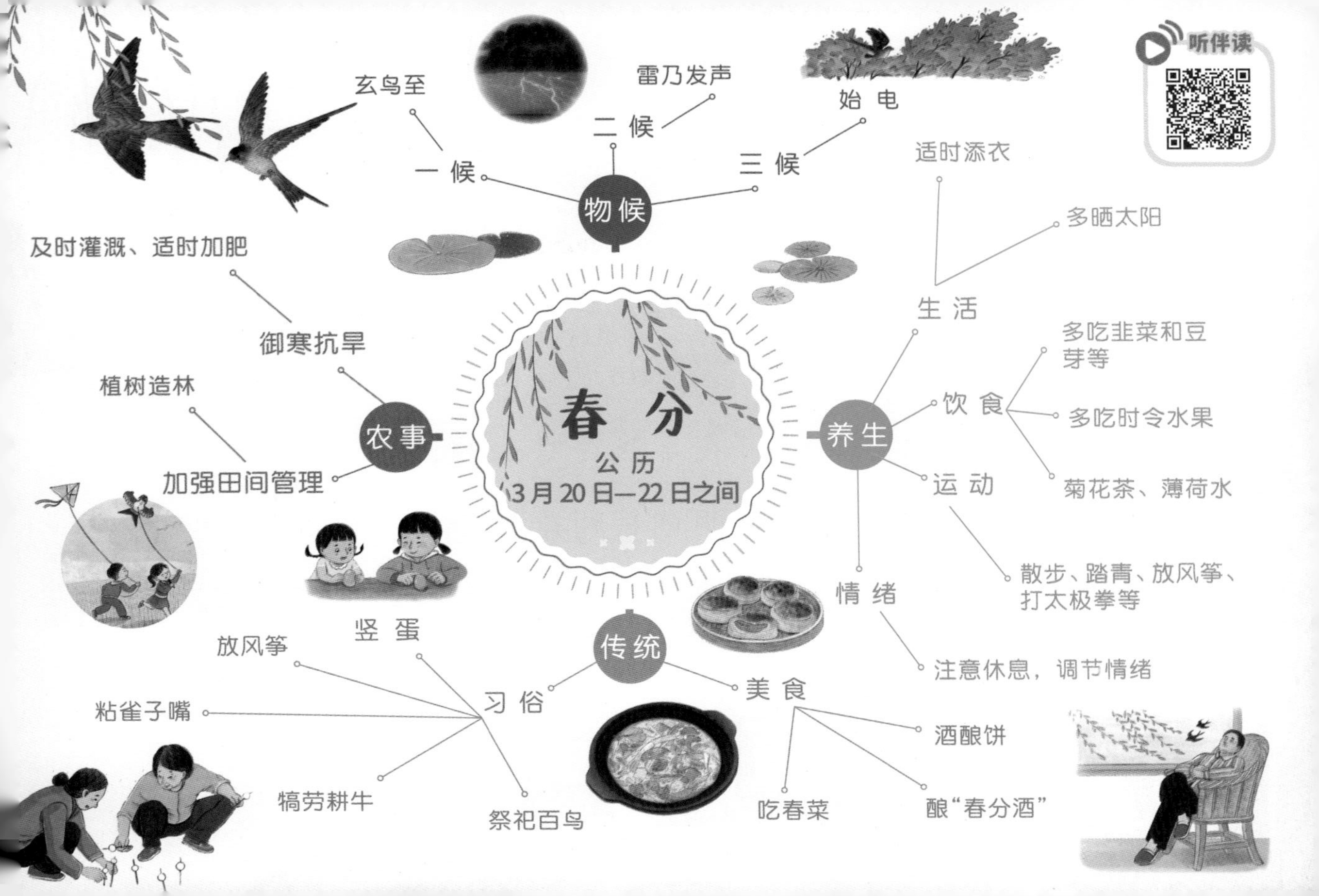

听伴读
春分
公历
3月20日—22日之间
物候
一候
玄鸟至
二候
雷乃发声
三候
始电
农事
御寒抗旱
及时灌溉、适时加肥
加强田间管理
植树造林
养生
生活
适时添衣
多晒太阳
饮食
多吃韭菜和豆芽等
多吃时令水果
菊花茶、薄荷水
运动
散步、踏青、放风筝、打太极拳等
情绪
注意休息，调节情绪
传统
习俗
竖蛋
放风筝
粘雀子嘴
犒劳耕牛
祭祀百鸟
美食
酒酿饼
酿“春分酒”
吃春菜

春日田家

[清]宋琬

※ 描绘了一幅美好的春日乡村风情图。

※ 字玉叔，号荔裳，清初著名诗人。

野田黄雀自为群，

山叟相过话旧闻。

夜半饭牛呼妇起，

明朝种树是春分。

※ 指田野。（野田）

※ 叟，老翁。指住在山中的老翁。（山叟）

※ 饭，喂。这里指喂牛。（饭牛）

※ 春分时节适合植树造林。（春分）

※ 押韵：“闻 wén”“分 fēn”的韵母都是“en”。韵母是“en”的字还有：门、本、粉、人、身、真……

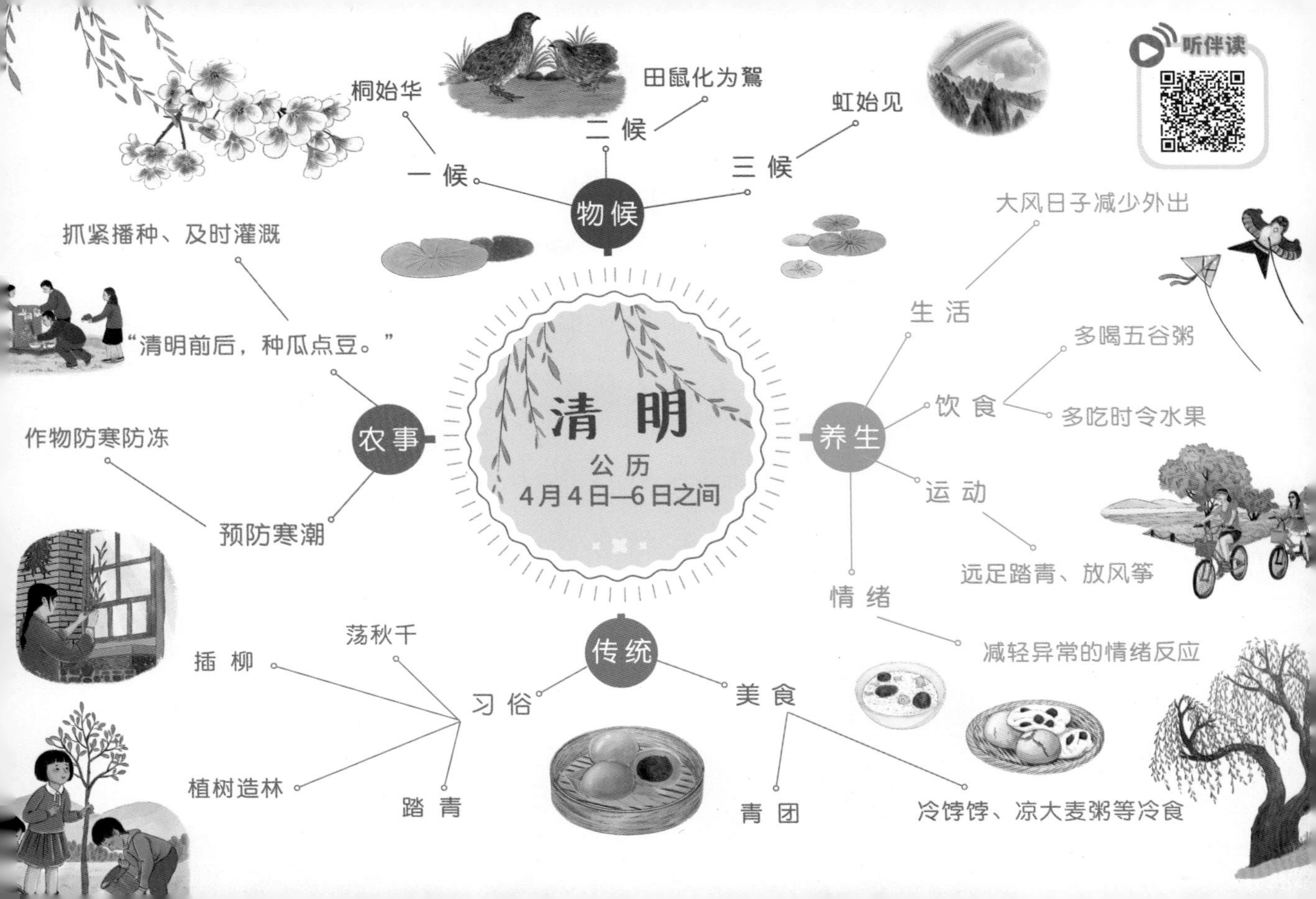

清明
公历
4月4日—6日之间
物候
一候
桐始华
二候
田鼠化为鴽
三候
虹始见
农事
“清明前后，种瓜点豆。”
抓紧播种、及时灌溉
预防寒潮
作物防寒防冻
养生
生活
大风日子减少外出
饮食
多喝五谷粥
多吃时令水果
运动
远足踏青、放风筝
情绪
减轻异常的情绪反应
传统
习俗
插柳
荡秋千
植树造林
踏青
美食
青团
冷饽饽、凉大麦粥等冷食
听伴读

清明

[唐]杜　牧

※ 字牧之，号樊川居士，唐代著名诗人、散文家，诗歌以七言绝句著称，与李商隐并称为“小李杜”。

※ 既是二十四节气之一，也是中国的传统节日，有扫墓祭祖、踏青的习俗。

清明时节雨纷纷，
路上行人欲断魂。
借问酒家何处有？
牧童遥指杏花村。

※ 纷纷：指雨丝纷纷洒洒，下个不停。

※ 欲断魂：形容行人非常伤感。

※ 借问：请问。

※ 杏花村：指有杏花开放的村庄。

※ 押韵：“魂 hún”“村 cūn”的韵母都是“un”。
韵母是“un”的字还有：寸、昏、滚……

听伴读

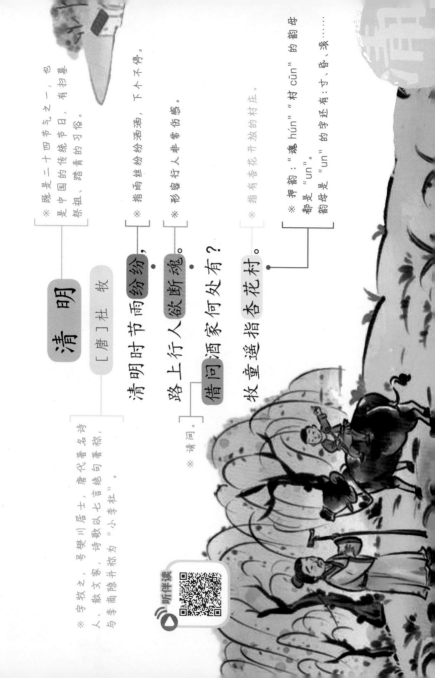

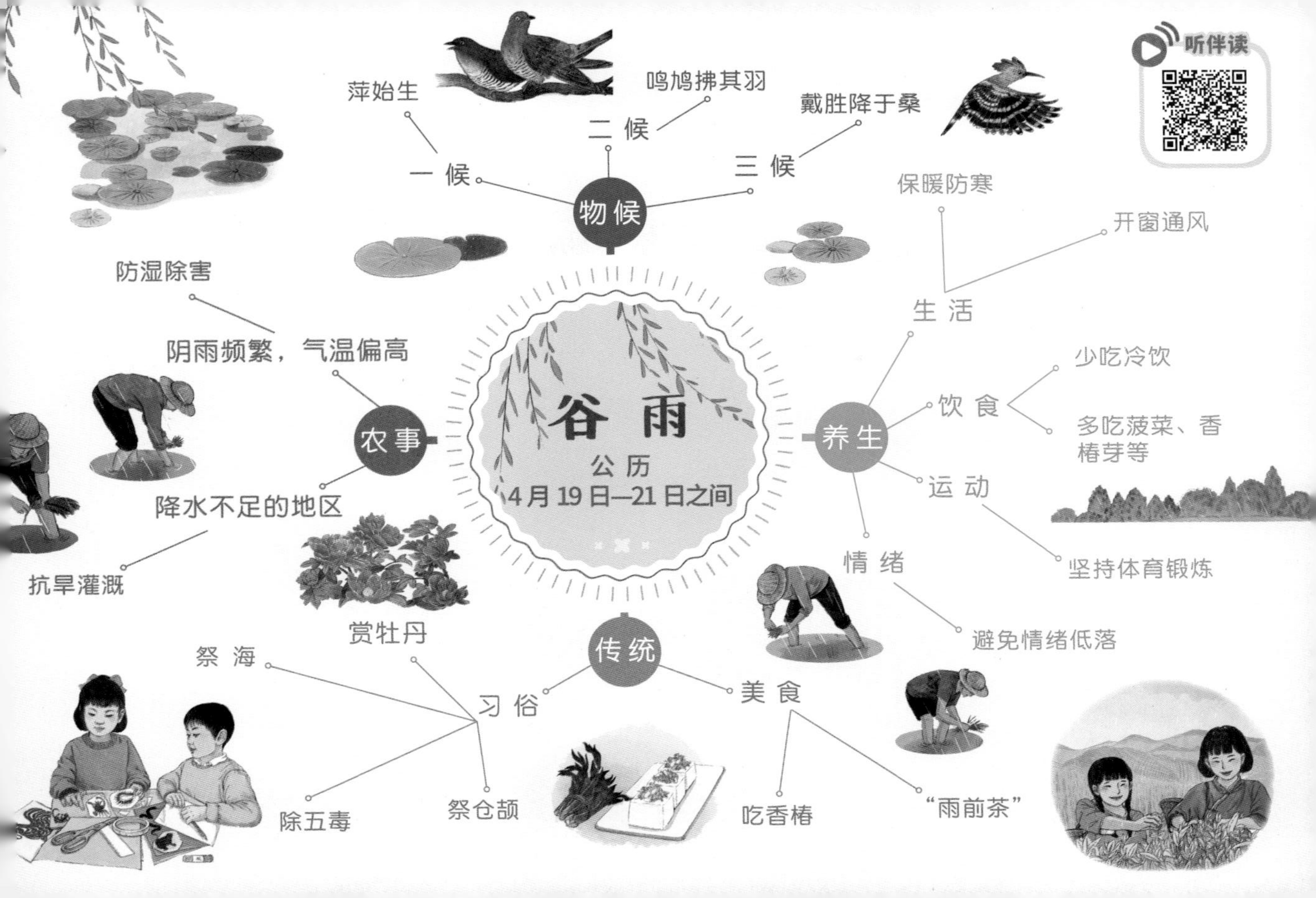
谷雨
公历
4月19日—21日之间
物候
一候
萍始生
二候
鸣鸠拂其羽
三候
戴胜降于桑
农事
阴雨频繁，气温偏高
防湿除害
降水不足的地区
抗旱灌溉
传统
习俗
祭海
除五毒
祭仓颉
赏牡丹
美食
吃香椿
“雨前茶”
养生
生活
保暖防寒
开窗通风
饮食
少吃冷饮
多吃菠菜、香椿芽等
运动
坚持体育锻炼
情绪
避免情绪低落
听伴读

雨过山村

[唐]王　建

※ 字仲初，唐朝诗人，擅长乐府诗，与张籍合称“张王”。

※ 山水田园诗，描绘了一幅雨中山村农忙图。

雨里鸡鸣一两家，
竹溪村路板桥斜。
妇姑相唤浴蚕去，
闲着中庭栀子花。

※ 鸡叫。

※ 指两边长着翠竹的小溪。

※ 用木板搭成的桥。

※ 互相呼唤。

※ 指古时候用盐水来选蚕种。

※ 叶子四季常绿，洁白的花朵散发出怡人的香味。

※ 押韵：“家 jiā”“花 huā”的韵母都是“a”。
韵母是“a”的字还有：巴、怕、马……

听伴读

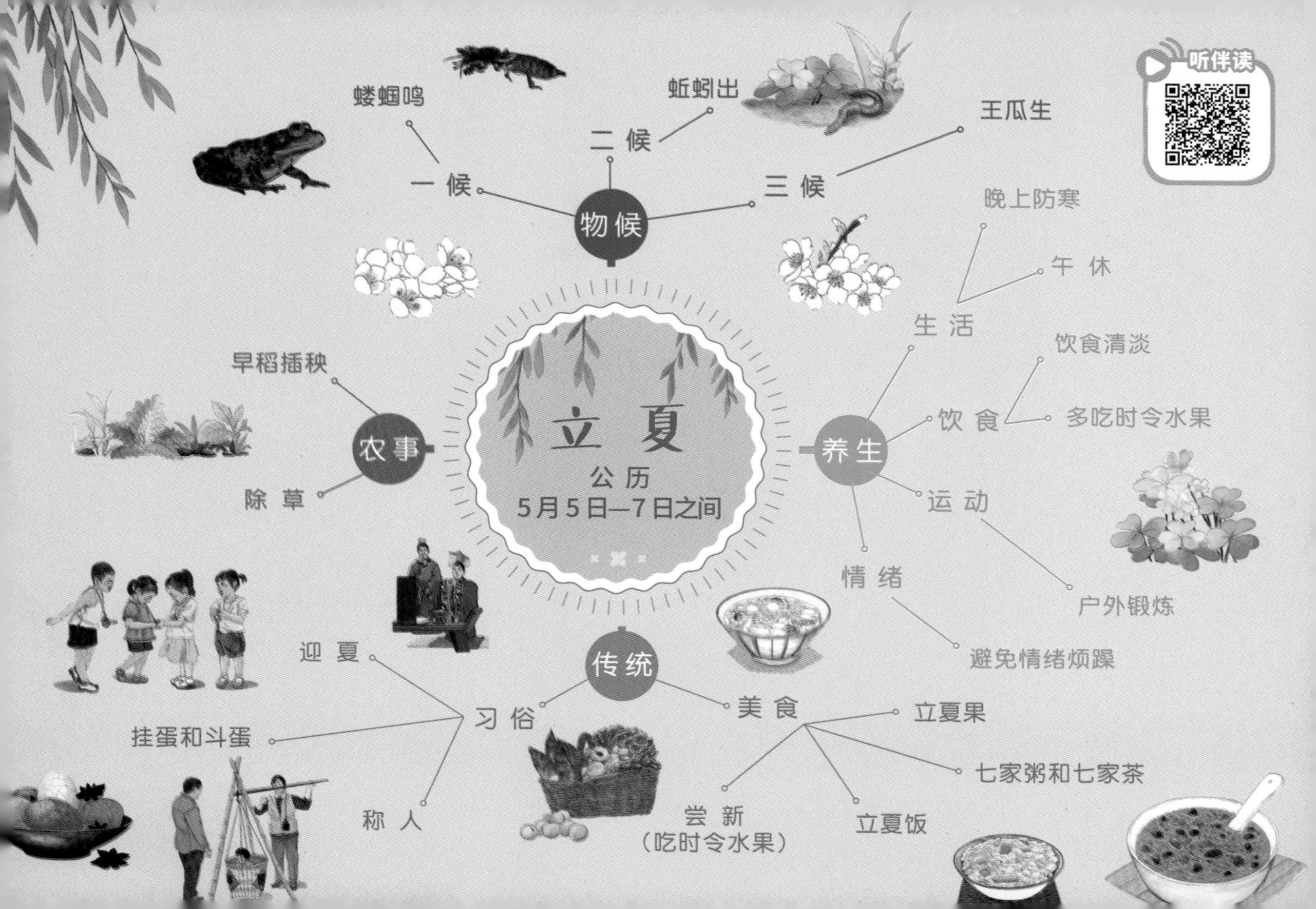
听伴读
立夏
公历
5月5日—7日之间
物候
一候
蝼蝈鸣
二候
蚯蚓出
三候
王瓜生
农事
早稻插秧
除草
养生
生活
晚上防寒
午休
饮食
饮食清淡
多吃时令水果
运动
户外锻炼
情绪
避免情绪烦躁
传统
习俗
迎夏
挂蛋和斗蛋
称人
美食
尝新
（吃时令水果）
立夏饭
七家粥和七家茶
立夏果

立夏

小池

[宋]杨万里

※ 字廷秀，号诚斋，南宋著名诗人，与尤袤、范成大、陆游并称“南宋四大家”。

※ 七言绝句，描绘了一幅美丽的初夏风景图。

泉眼无声惜细流，

树阴照水爱晴柔。

小荷才露尖尖角，

早有蜻蜓立上头。

※ 泉眼：流出泉水的地方。

※ 惜：吝惜，不舍得。

※ 照水：倒映在水面。

※ 柔：柔和。

※ 上头：上面。

※ 押韵：“柔 róu”“头 tóu”的韵母都是“ou”。

韵母是“ou”的字还有：豆、有、走、后……

听伴读

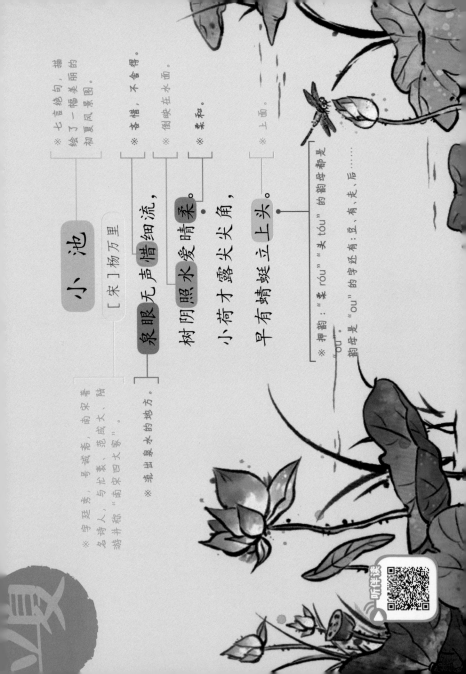

小满
公历
5月20日—22日之间
物候
一候
苦菜秀
二候
靡草死
三候
麦秋至
农事
种水稻
注意天气，及时栽种
果树管理
预防病虫害
清理积水
及时通风
避免温度和湿度过高
养生
生活
保暖防寒
开窗通风
饮食
饮食清淡
多吃清热祛湿食物
运动
适当晨练
情绪
做让自己放松的事
传统
习俗
祭车神
祭蚕
小满动三车
美食
吃苦菜
麦糕饼
听伴读

四时田园杂兴（其二十五）

[宋]范成大

梅子金黄杏子肥，
麦花雪白菜花稀。
日长篱落无人过，
惟有蜻蜓蛱蝶飞。

※ 有感而发、随兴而写的诗。

※ 夏季来临，白天越来越长。

※ 只有。

※ 字至能，号石湖居士，南宋著名诗人，与尤袤、杨万里、陆游并称“南宋四大家”。

※ 指杏子果肉肥厚。

※ 指油菜花。

※ 蝴蝶的一种。

※ 押韵：“肥 féi”“飞 fēi”韵母都是“ei”。
韵母是“ei”的字还有：杯、黑、[illegible]、媒……

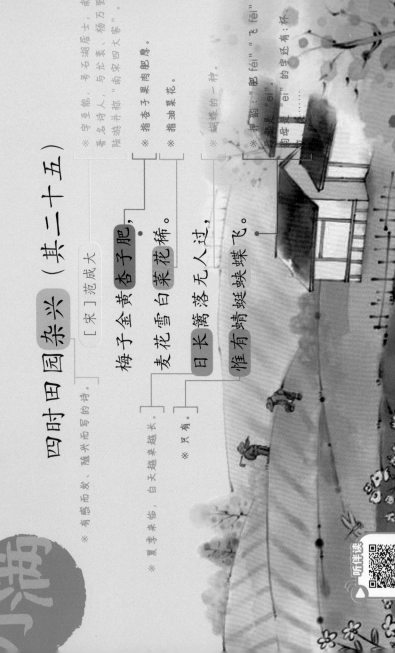

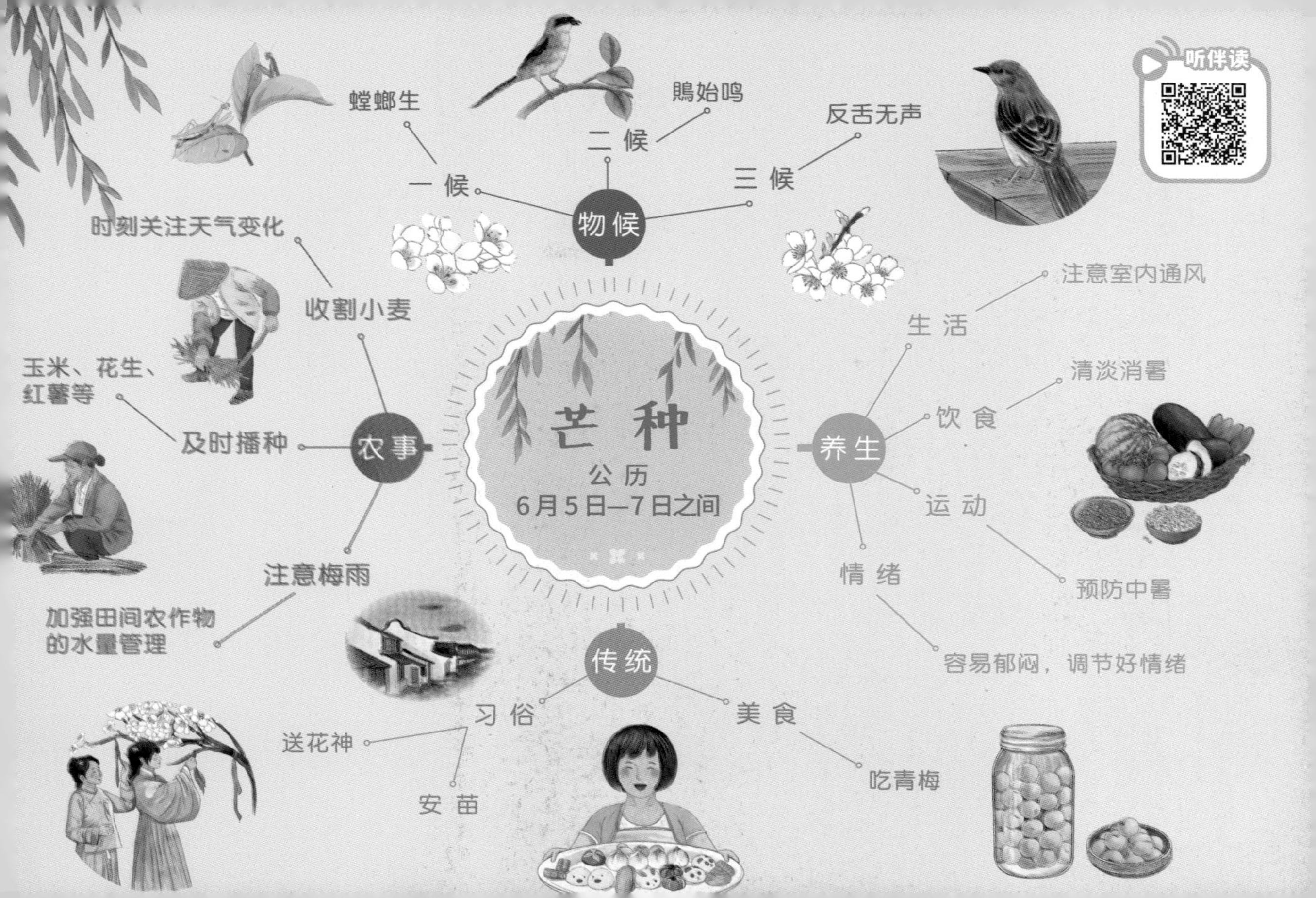

听伴读
芒种
公历
6月5日—7日之间
物候
一候
螳螂生
二候
䴗始鸣
三候
反舌无声
农事
收割小麦
时刻关注天气变化
及时播种
玉米、花生、红薯等
注意梅雨
加强田间农作物的水量管理
养生
生活
注意室内通风
饮食
清淡消暑
运动
预防中暑
情绪
容易郁闷，调节好情绪
传统
习俗
送花神
安苗
美食
吃青梅

约客

[宋]赵师秀

黄梅时节家家雨，
青草池塘处处蛙。
有约不来过夜半，
闲敲棋子落灯花。

※ 约客：邀请客人来相聚。

※ 赵师秀：字紫芝，号灵秀，南宋时期温州永嘉人，与徐照、翁卷、徐玑合称为“永嘉四灵”。

※ 黄梅时节：江南梅子成熟期刚好是阴雨连绵，这个时节也称为“梅雨季”。

※ 家家雨：形容雨多。

※ 约：邀约。

※ 灯花：指灯芯烧完后结成的花状物。

※ 押韵：“蛙 wā”“花 huā”的韵母都是“a”。
韵母是“a”的字还有：卡、马、画、袜……

听伴读

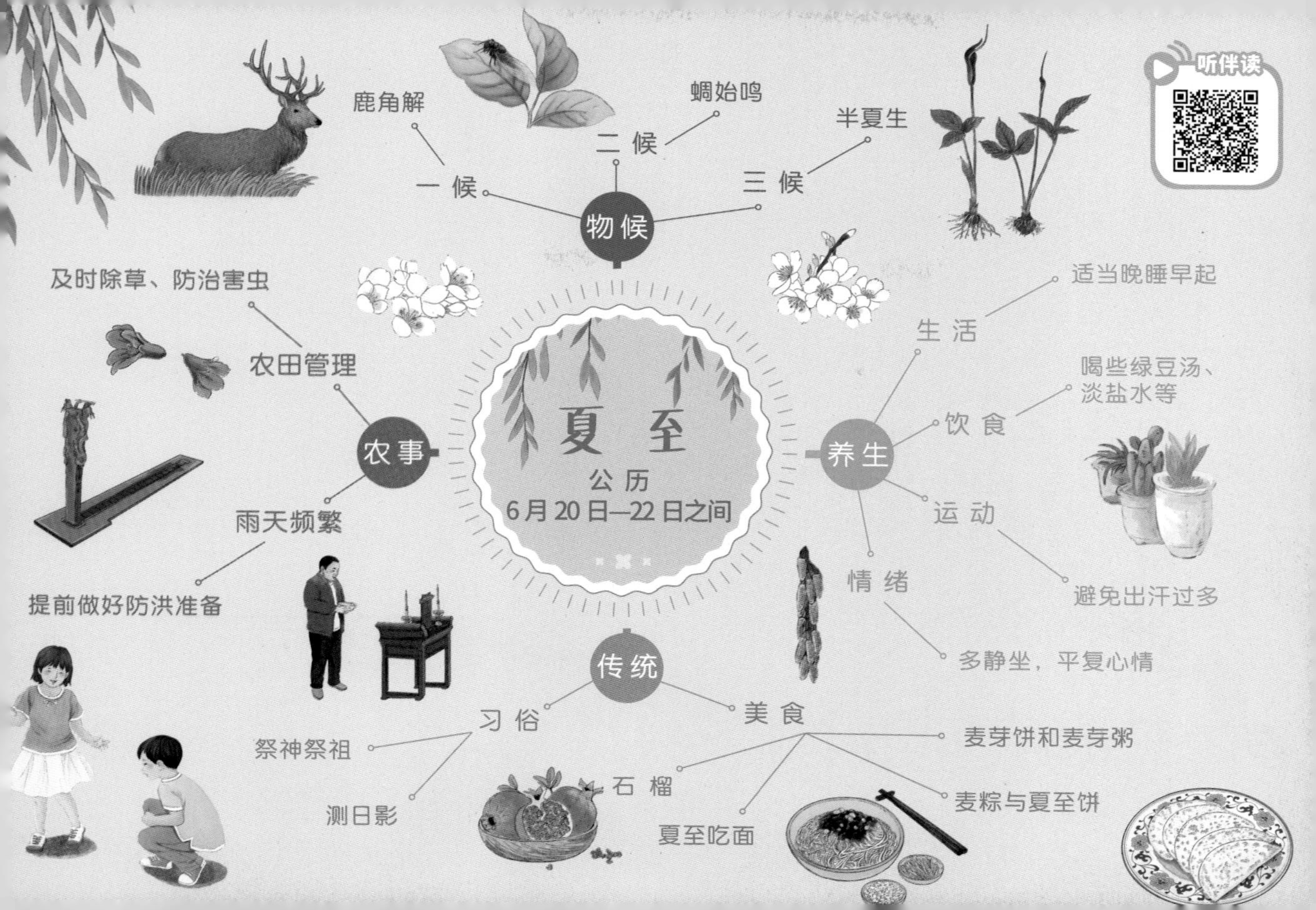
夏至
公历
6月20日—22日之间
物候
一候
鹿角解
二候
蜩始鸣
三候
半夏生
农事
农田管理
及时除草、防治害虫
雨天频繁
提前做好防洪准备
养生
生活
适当晚睡早起
饮食
喝些绿豆汤、淡盐水等
运动
避免出汗过多
情绪
多静坐，平复心情
传统
习俗
祭神祭祖
测日影
美食
石榴
夏至吃面
麦芽饼和麦芽粥
麦粽与夏至饼
听伴读

竹枝词（其一）

※ 巴渝（现重庆一带）民歌的一种，唱的时候会用笛子、鼓来伴奏，并配以舞蹈。

[唐] 刘禹锡

※ 字梦得，洛阳人，唐代著名诗人，与“柳宗元”合称“刘柳”。

杨柳青青江水平，
闻郎江上唱歌声。
东边日出西边雨，
道是无晴却有晴。

※ 指平静的江面。

※ 听到。

※ 与“情”字谐音，双关手法。

※ 押韵：“平 píng”“晴 qíng”的韵母都是“ing”。
韵母是“ing”的字还有：清、灵、名、冰……

听伴读

小暑

公历 7月6日—8日之间

- 物候
  - 一候：温风至
  - 二候：蟋蟀居宇
  - 三候：鹰始鸷
- 养生
  - 生活：外出做好防暑工作；多喝水
  - 饮食：适当吃绿叶菜、苦瓜、西瓜等
  - 运动：适当游泳
  - 情绪：做喜欢又舒缓的事，放松心情
- 传统
  - 习俗：晒伏
  - 美食：吃伏羊；食新；吃饺子
- 农事
  - 防旱：加强田间的防旱工作，提前蓄水
  - 抗虫：喷洒药剂或者放养蝗虫的天敌

听伴读

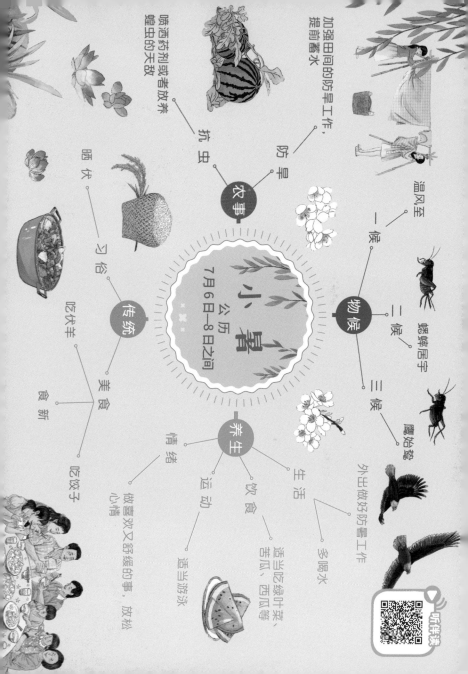

夏夜追凉

［宋］杨万里

夜热依然午热同，
开门小立月明中。
竹深树密虫鸣处，
时有微凉不是风。

※ 字廷秀，号诚斋，南宋著名诗人，与尤袤、范成大、陆游并称“南宋四大家”。

※ 追，追寻、寻觅。追寻凉意。

※ 指正午的炎热。

※ 站立一会儿。

※ 竹林深处。

※ 指夜深气清，静中生凉，并不是清风吹过。

※ 押韵：“同 tóng”“中 zhōng”的韵母都是“ong”。
韵母是“ong”的字还有：从、公、动、红……

听伴读

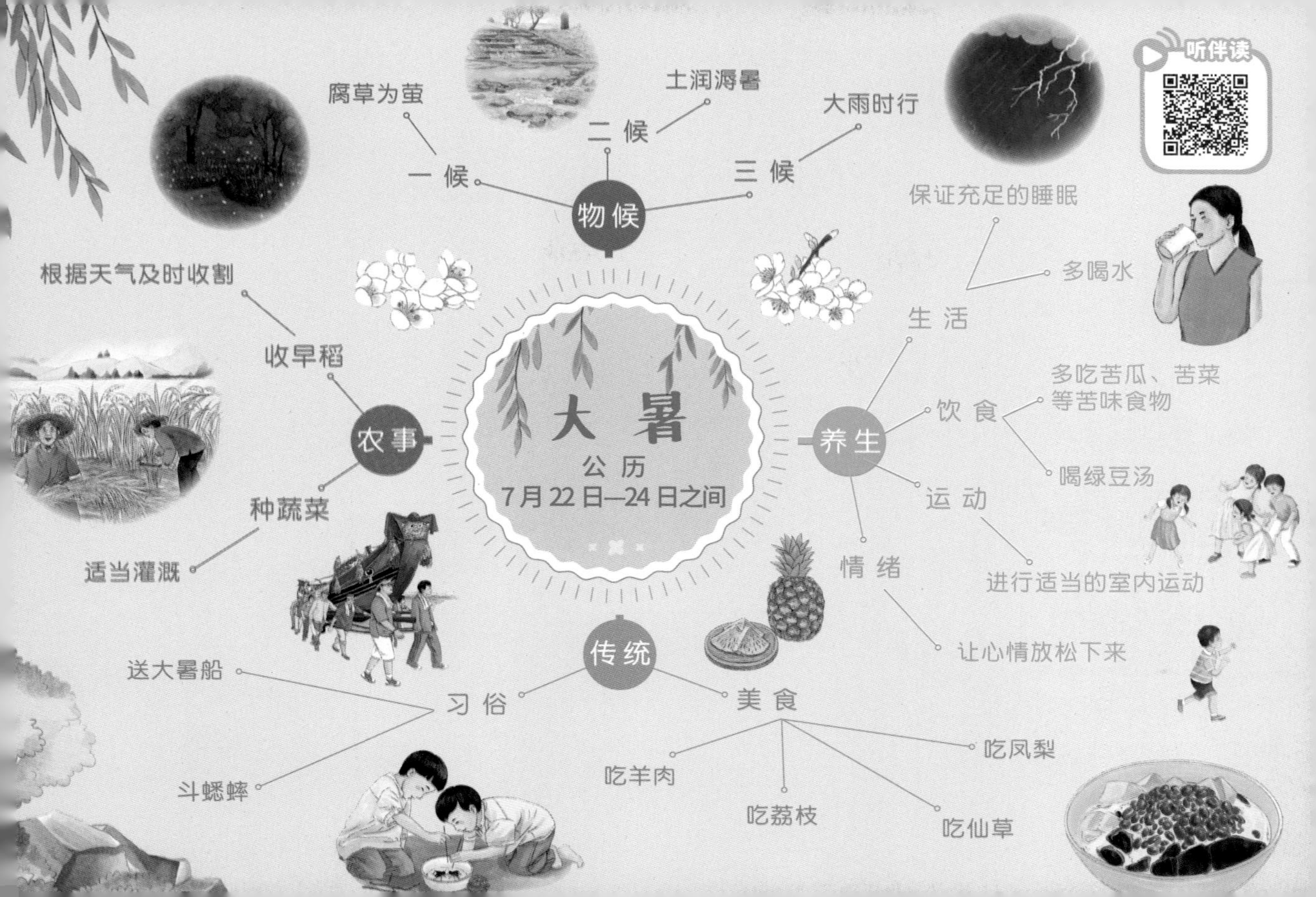

大暑
公历
7月22日—24日之间
物候
一候
腐草为萤
二候
土润溽暑
三候
大雨时行
农事
收早稻
根据天气及时收割
种蔬菜
适当灌溉
养生
生活
保证充足的睡眠
多喝水
饮食
多吃苦瓜、苦菜等苦味食物
喝绿豆汤
运动
进行适当的室内运动
情绪
让心情放松下来
传统
习俗
送大暑船
斗蟋蟀
美食
吃羊肉
吃荔枝
吃仙草
吃凤梨
听伴读

晓出净慈寺送林子方

[宋]杨万里

毕竟西湖六月中，
风光不与四时同。
接天莲叶无穷碧，
映日荷花别样红。

※ 晓：天刚亮的时候。

※ 送林子方：送别好友林子方。

※ 杨万里：字廷秀，号诚斋，南宋著名诗人，与尤袤、范成大、陆游并称“南宋四大家”。

※ 四时：指四季，春夏秋冬。

※ 接天：与天相接。

※ 别样：特别。

※ 押韵：“中 zhōng”“同 tóng”“红 hóng”的韵母都是“ong”。
韵母是“ong”的字还有：共、总、送、冬……

听伴读

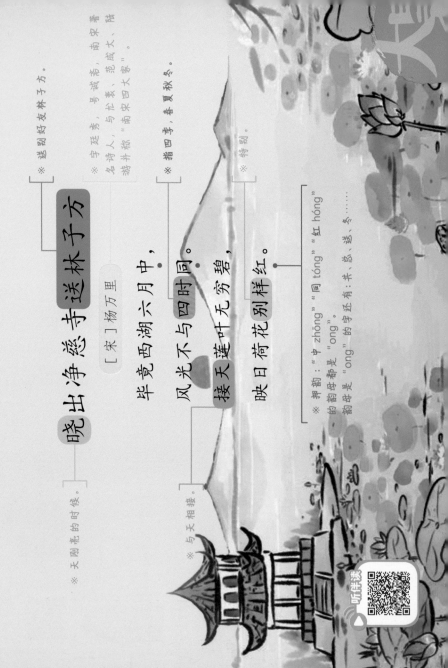

立秋
公历
8月7日—9日之间
物候
一候
凉风至
二候
白露降
三候
寒蝉鸣
农事
防旱
保证水量充足
杂草生长旺盛
及时除草
养生
生活
早睡早起
不用穿太厚
饮食
多吃滋润的食物（银耳、百合等）
吃些酸味水果（苹果、葡萄等）
运动
跑步、爬山、打羽毛球等
情绪
主动排解心中的郁闷
传统
习俗
秋忙会
晒秋
美食
贴秋膘
啃秋
吃茄子
听伴读

立 秋

［宋］刘 翰

乳鸦啼散玉屏空，
一枕新凉一扇风。
睡起秋声无觅处，
满阶梧叶月明中。

※ 二十四节气之一，秋季的第一个节气。

※ 字武之，长沙（现属湖南）人，南宋诗人。

※ 幼鸦，幼小的乌鸦。

※ 啼叫。

※ 精致的屏风。

※ 秋风吹动树叶瑟瑟作响的声音。

※ 指梧桐叶。

※ 押韵："空 kōng""中 zhōng"的韵母都是"ong"。
韵母是"ong"的字还有：洞、种、农、龙……

听伴读

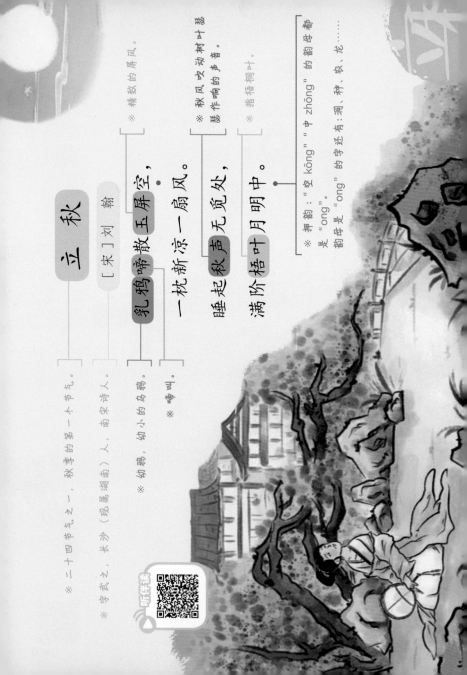

处暑
公历
8月22日—24日之间
物候
一候
鹰乃祭鸟
二候
天地始肃
三候
禾乃登
养生
生活
睡觉盖住肚子
多开窗通风
饮食
饮食清淡
多吃富含维生素的新鲜蔬果
运动
多做简单的运动（散步、慢跑等）
情绪
避免大喜大悲
传统
美食
煲药茶
吃鸭肉
习俗
开渔节
采菱
农事
降雨减少的地区
及时蓄水
加强田间管理
防虫害
适当施肥
听伴读

初　秋

[唐]孟浩然

不觉初秋夜渐长，
清风习习重凄凉。
炎炎暑退茅斋静，
阶下丛莎有露光。

※ 进入秋季不久。

※ 唐朝著名山水田园诗人，与王维齐名，合称为“王孟”。

※ 不知不觉。

※ 进入秋季后，夜晚的时间逐渐变长。

※ 微风轻拂的样子。

※ 指茅草盖的房子。

※ 一种草本植物。

※ 押韵：“长 cháng”“凉 liáng”“光 guāng”的韵母都是“ang”。韵母是“ang”的字还有：帮、旁、忙、放。

听伴读

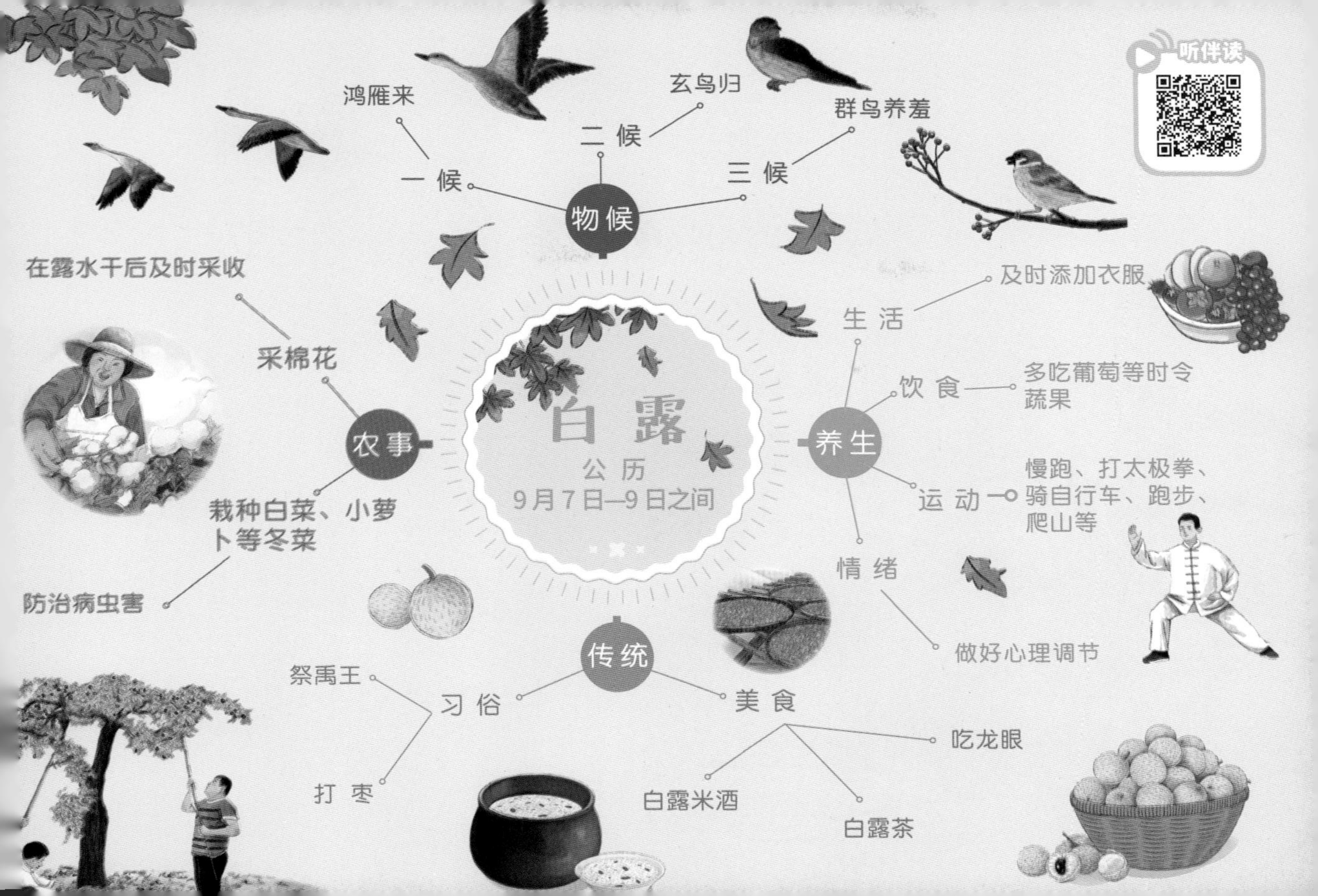

白露
公历
9月7日—9日之间
物候
一候
鸿雁来
二候
玄鸟归
三候
群鸟养羞
养生
生活
及时添加衣服
饮食
多吃葡萄等时令蔬果
运动
慢跑、打太极拳、骑自行车、跑步、爬山等
情绪
做好心理调节
传统
美食
吃龙眼
白露米酒
白露茶
习俗
祭禹王
打枣
农事
采棉花
在露水干后及时采收
栽种白菜、小萝卜等冬菜
防治病虫害
听伴读

听伴读

月夜忆舍弟

[唐]杜　甫

戍鼓断人行，边秋一雁声。

露从今夜白，月是故乡明。

有弟皆分散，无家问死生。

寄书长不达，况乃未休兵。

※ 舍弟：谦辞，家弟，对别人称自己的弟弟。

※ 杜甫：字子美，唐代伟大诗人，与李白合称为“大李杜”。

※ 戍鼓：戍楼上的鼓声。

※ 边秋：此时是秋季，指秋季边远的地方。

※ 露从今夜白：指白露节气。

※ 押韵：“声 shēng”“生 shēng”的韵母都是“eng”。韵母是“eng”的字还有：灯、朋、风、萌……

※ 长不达：总是收不到。

※ 况乃：何况是。

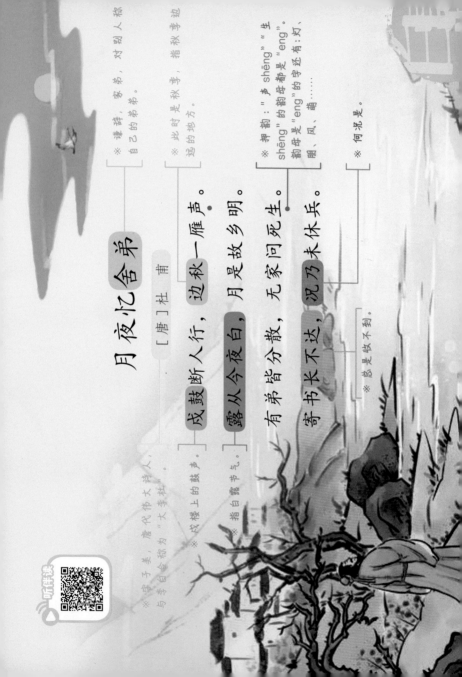

秋分
公历
9月22日—24日之间
物候
一候
雷始收声
二候
蛰虫坯户
三候
水始涸
农事
秋收
及时抢收农作物
秋耕、秋种
提前耕地，做好作物播前准备
养生
生活
注意胃部的保暖
饮食
以清润为主（核桃、蜂蜜、梨等）
运动
爬山、慢跑、散步、打球、健身操等
情绪
避免忧郁、惆怅等不良情绪
传统
习俗
秋祭月
庆丰收
美食
月饼
吃蟹
桂花
听伴读

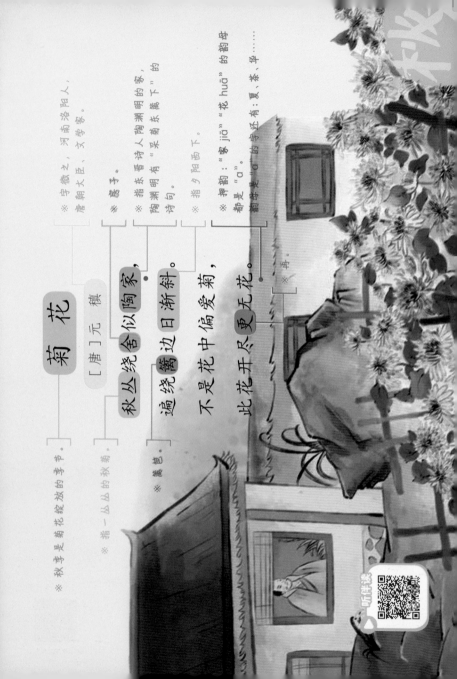

菊花

[唐]元稹

秋丛绕舍似陶家，
遍绕篱边日渐斜。
不是花中偏爱菊，
此花开尽更无花。

※ 秋季是菊花绽放的季节。

※ 字微之，河南洛阳人，唐朝大臣、文学家。

※ 指一丛丛的秋菊。

※ 房子。

※ 指东晋诗人陶渊明的家，陶渊明有“采菊东篱下”的诗句。

※ 篱笆。

※ 指夕阳西下。

※ 押韵：“家 jiā”“花 huā”的韵母都是“a”。韵母是“a”的字还有：夏、茶、华……

※ 再。

寒露
公历
10月7日—9日之间
物候
一候
鸿雁来宾
二候
雀入大水为蛤
三候
菊有黄华
农事
勤翻地
疏松土壤、破坏地下的虫洞
防霜冻
及时灌水保温
养生
生活
及时增添衣物、盖好被子
饮食
多吃滋润食物（芝麻、核桃、萝卜、莲藕等）
多吃雪梨、苹果、葡萄等补充水分
运动
避免剧烈运动
情绪
外出郊游，保持舒畅的心情
传统
习俗
秋钓边
美食
吃芝麻
吃花糕
听伴读

九月九日忆山东兄弟

※ 指农历九月初九重阳节。

※ 这里指华山以东。

[唐]王　维

※ 字摩诘，号摩诘居士，唐朝诗人、画家。与孟浩然合称为“王孟”。

独在异乡为异客，
每逢佳节倍思亲。
遥知兄弟登高处，
遍插茱萸少一人。

※ 他乡。

※ 思念。

※ 古时有重阳登高的习俗。

※ 香气浓烈的植物，古人认为重阳插茱萸可以避灾。

听伴读

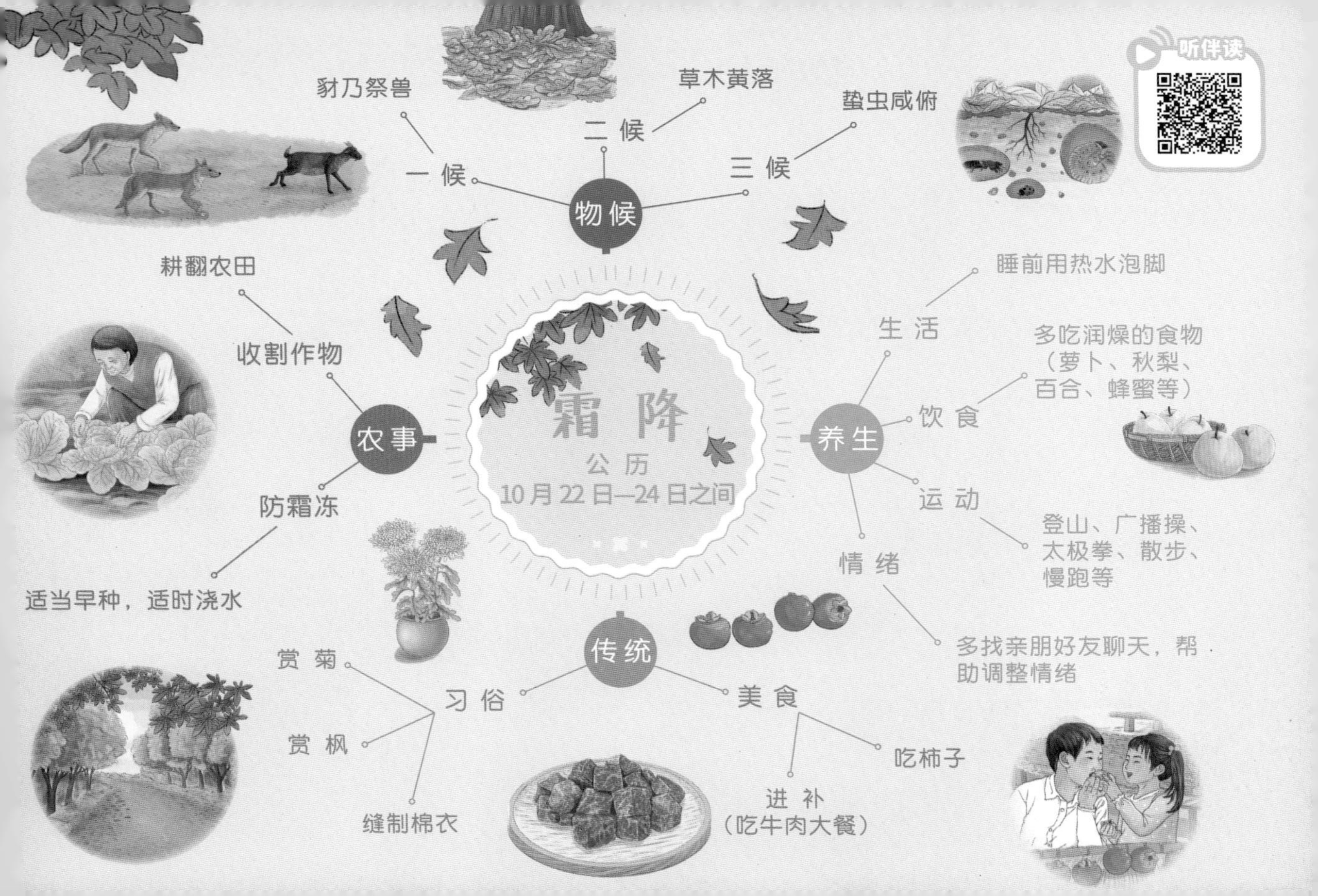
听伴读
霜降
公历
10月22日—24日之间
物候
一候
豺乃祭兽
二候
草木黄落
三候
蛰虫咸俯
农事
收割作物
耕翻农田
防霜冻
适当早种，适时浇水
养生
生活
睡前用热水泡脚
饮食
多吃润燥的食物（萝卜、秋梨、百合、蜂蜜等）
运动
登山、广播操、太极拳、散步、慢跑等
情绪
多找亲朋好友聊天，帮助调整情绪
传统
习俗
赏菊
赏枫
缝制棉衣
美食
进补（吃牛肉大餐）
吃柿子

听伴读

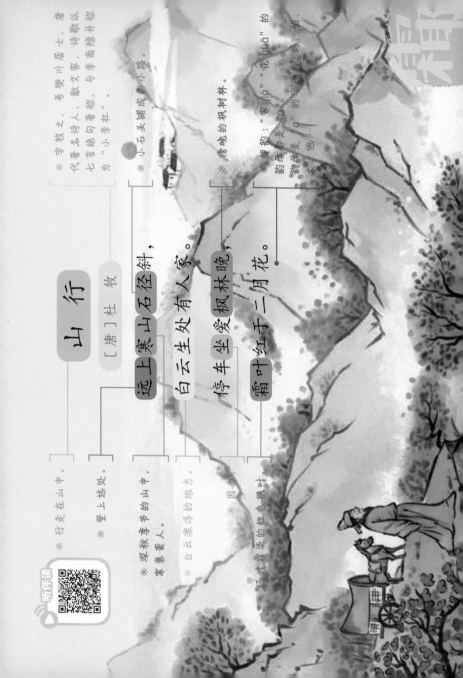

山 行

［唐］杜 牧

远上寒山石径斜，
白云生处有人家。
停车坐爱枫林晚，
霜叶红于二月花。

※ 行走在山中。（山行）

※ 字牧之，号樊川居士，唐代著名诗人、散文家，诗歌以七言绝句著称，与李商隐并称为“小李杜”。（杜牧）

※ 登上远处。（远上）

※ 深秋季节的山中，寒意袭人。（寒山）

※ 小石头铺成的小路。（石径）

※ 白云漂浮的地方。（白云生处）

※ 因为。（坐）

※ 傍晚的枫树林。（枫林晚）

※ 经过霜染的红色枫叶。（霜叶）

※ 押韵：“家 jiā”“花 huā”的韵母都是“a”。
韵母是“a”的字还有：妈、怕、大、他……

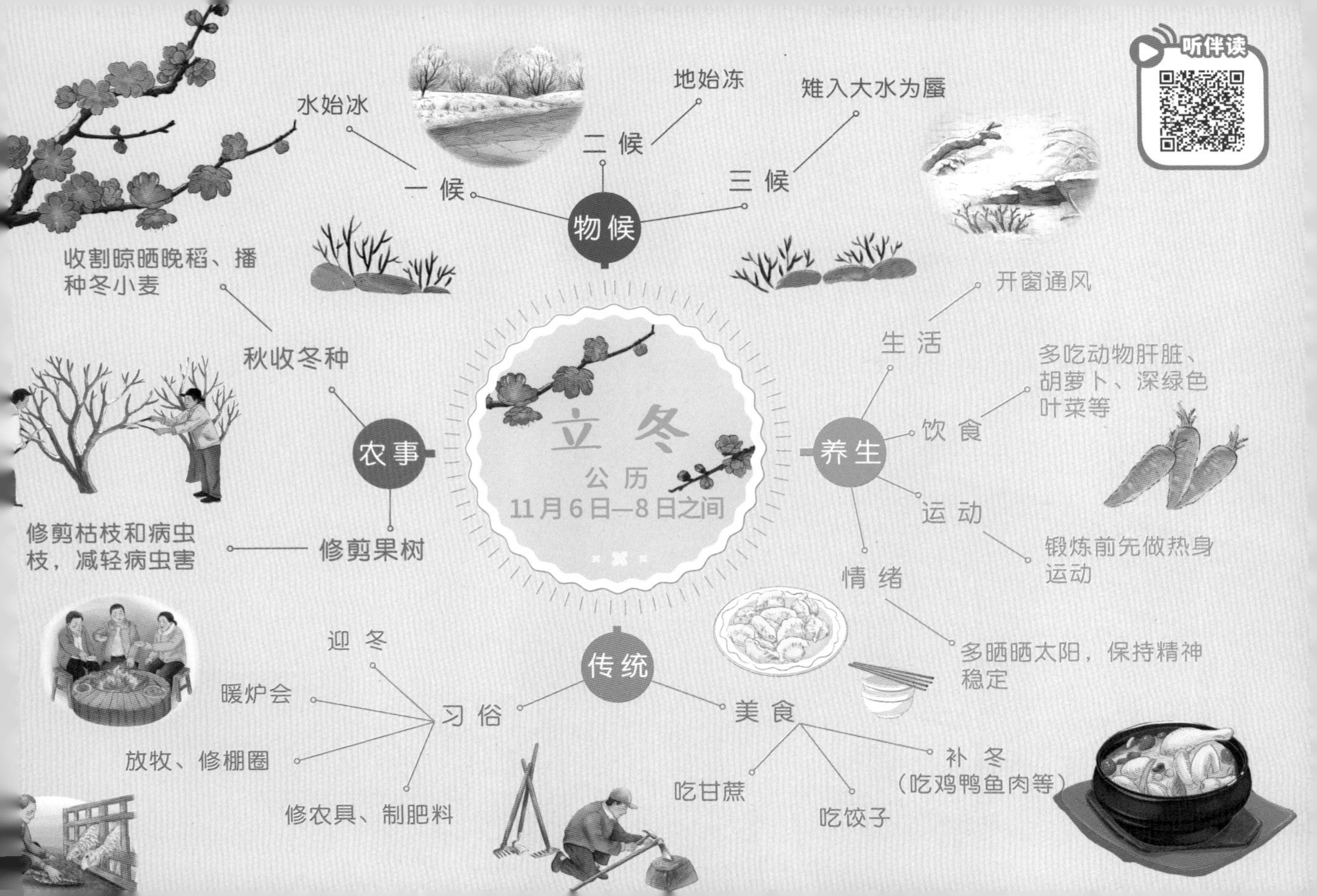

立冬
公历
11月6日—8日之间
物候
一候
水始冰
二候
地始冻
三候
雉入大水为蜃
农事
秋收冬种
收割晾晒晚稻、播种冬小麦
修剪果树
修剪枯枝和病虫枝，减轻病虫害
养生
生活
开窗通风
饮食
多吃动物肝脏、胡萝卜、深绿色叶菜等
运动
锻炼前先做热身运动
情绪
多晒晒太阳，保持精神稳定
传统
习俗
迎冬
暖炉会
放牧、修棚圈
修农具、制肥料
美食
补冬
（吃鸡鸭鱼肉等）
吃甘蔗
吃饺子
听伴读

冬景

[唐]李　白

冻笔新诗懒写，
寒炉美酒时温。
醉看梅花月白，
恍疑雪满前村。

※ 冬季的景色。

※ 字太白，号青莲居士，唐朝伟大的浪漫主义诗人，被后人誉为“诗仙”。

※ 指毛笔的笔头因天气冷而冻得僵硬。

※ 寒冷天气下的火炉。

※ 时常。

※ 恍惚间。

听伴读

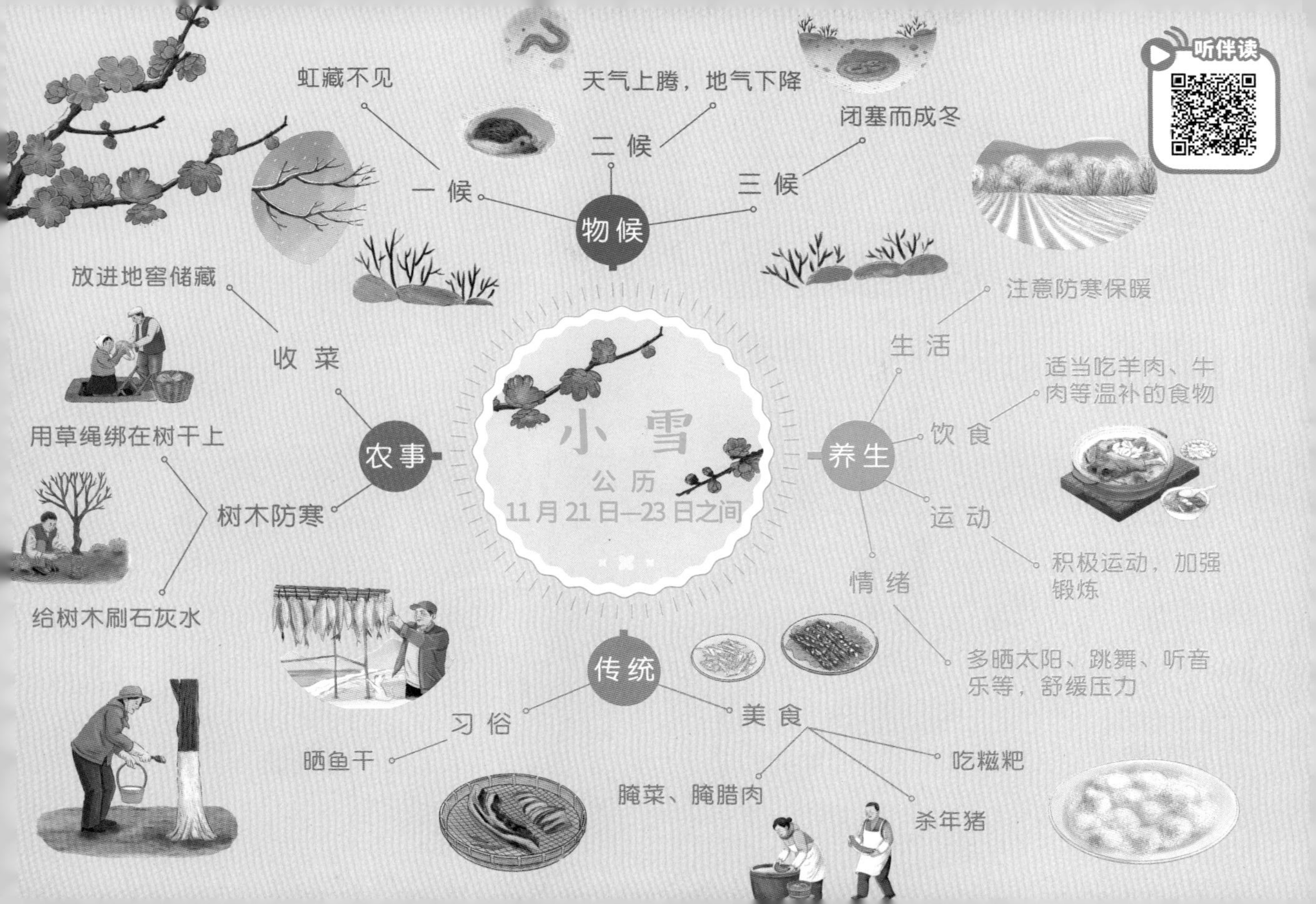

小雪
公历
11月21日—23日之间
物候
一候
虹藏不见
二候
天气上腾，地气下降
三候
闭塞而成冬
农事
收菜
放进地窖储藏
树木防寒
用草绳绑在树干上
给树木刷石灰水
养生
生活
注意防寒保暖
饮食
适当吃羊肉、牛肉等温补的食物
运动
积极运动，加强锻炼
情绪
多晒太阳、跳舞、听音乐等，舒缓压力
传统
习俗
晒鱼干
美食
腌菜、腌腊肉
杀年猪
吃糍粑
听伴读

逢雪宿芙蓉山主人

[唐]刘长卿

日暮苍山远，
天寒白屋贫。
柴门闻犬吠，
风雪夜归人。

※ 逢：遇上。
※ 宿：借宿。
※ 刘长卿：字文房，河南洛阳人，唐代大臣、诗人。
※ 日暮：傍晚时分。
※ 苍山：青山。
※ 白屋：指简陋的茅草房。
※ 犬吠：狗叫声。
※ 夜归人：夜晚回来的人。

听伴读

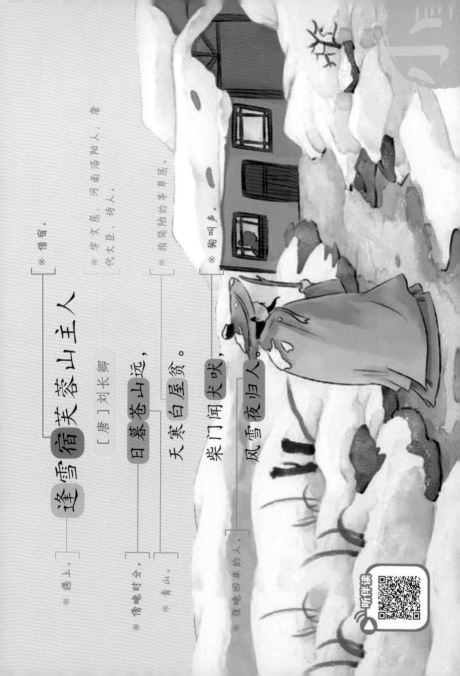

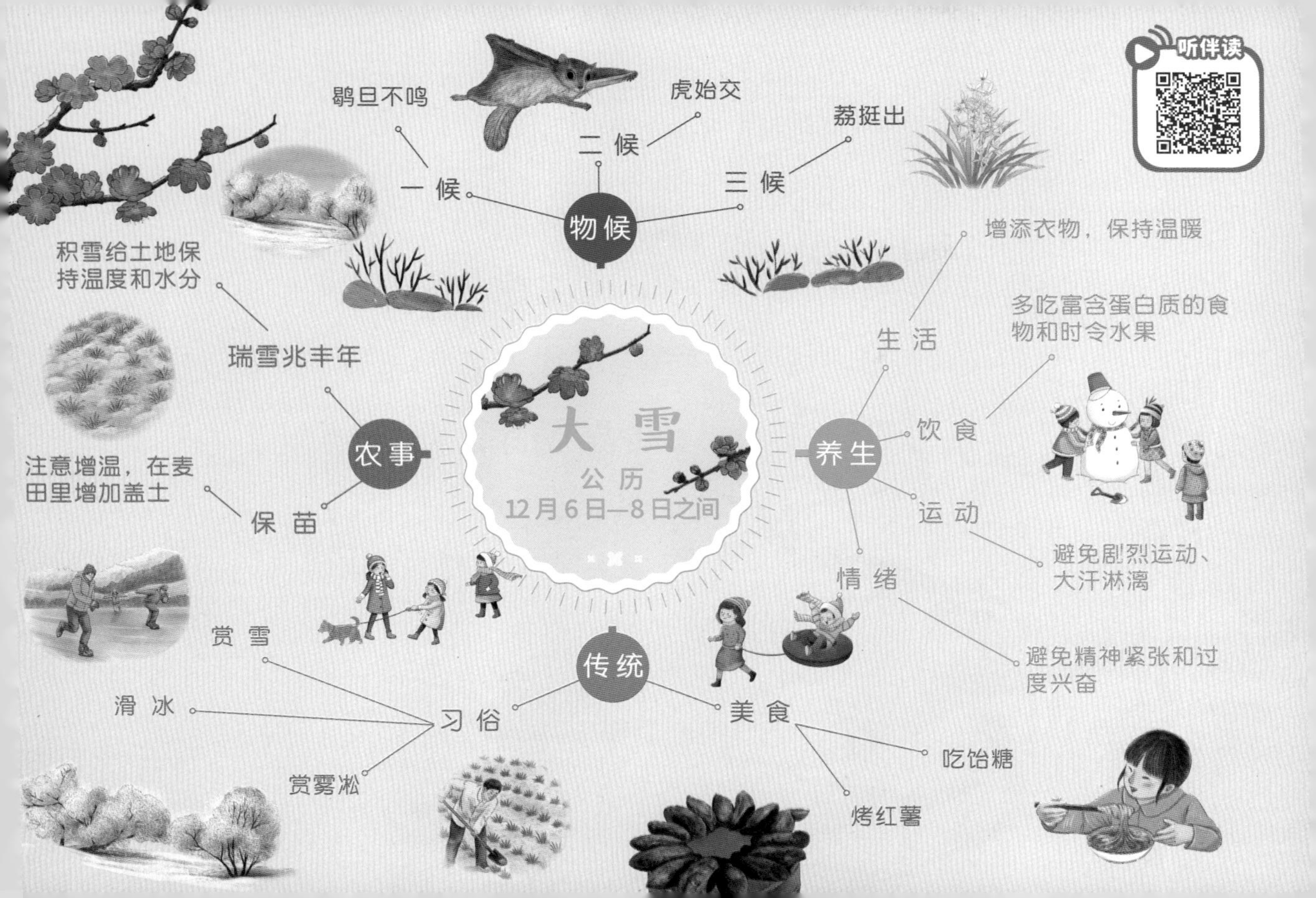
听伴读
大雪
公历
12月6日—8日之间
物候
一候
鹖旦不鸣
二候
虎始交
三候
荔挺出
农事
瑞雪兆丰年
积雪给土地保持温度和水分
保苗
注意增温，在麦田里增加盖土
养生
生活
增添衣物，保持温暖
饮食
多吃富含蛋白质的食物和时令水果
运动
避免剧烈运动、大汗淋漓
情绪
避免精神紧张和过度兴奋
传统
习俗
赏雪
滑冰
赏雾凇
美食
吃饴糖
烤红薯

江 雪

※ 大雪纷飞的江上。

［唐］柳宗元

※ 字子厚，唐朝著名文学家、思想家，"唐宋八大家"之一，与韩愈合称为"韩柳"，与刘禹锡合称为"刘柳"。

千山鸟飞绝，

万径人踪灭。

孤舟蓑笠翁，

独钓寒江雪。

※ 没有。（绝）

※ 虚指，所有的小路。（万径）

※ 踪迹。（踪）

※ 蓑衣和斗笠。蓑衣是古时用来防雨的衣服，斗笠是用竹篾编成的用来防雨的帽子。（蓑笠）

※ 独自。（独）

※ 押韵："绝 jué""雪 xuě"的韵母都是"üe"。
韵母是"üe"的字还有：缺、却、月、约……

听伴读

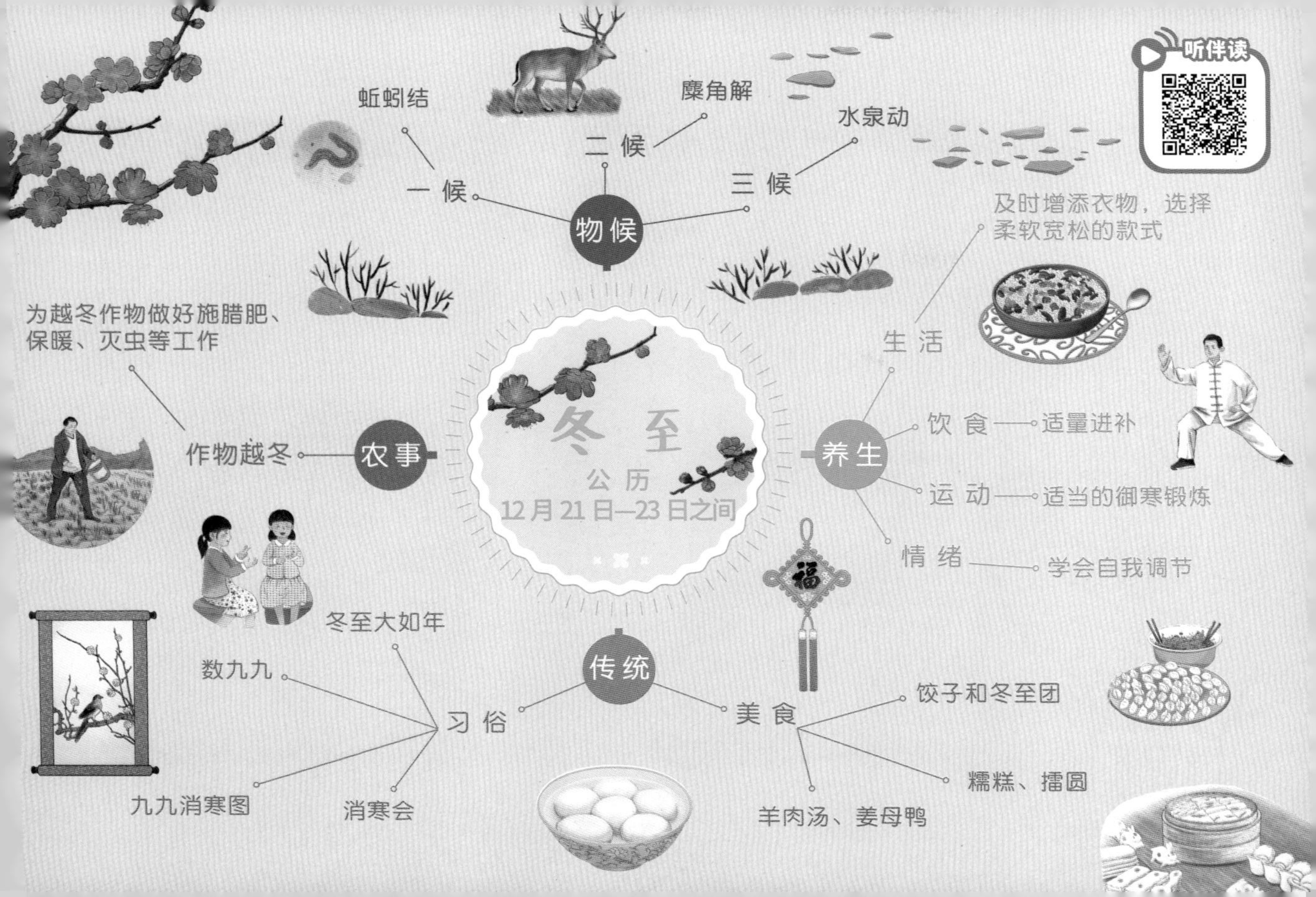
冬至
公历
12月21日—23日之间
物候
一候
蚯蚓结
二候
麋角解
三候
水泉动
养生
生活
及时增添衣物，选择柔软宽松的款式
饮食
适量进补
运动
适当的御寒锻炼
情绪
学会自我调节
传统
美食
饺子和冬至团
糯糕、擂圆
羊肉汤、姜母鸭
习俗
冬至大如年
数九九
九九消寒图
消寒会
农事
作物越冬
为越冬作物做好施腊肥、保暖、灭虫等工作
听伴读

邯郸冬至夜思家

※ 地名，现河北省邯郸市。

※ 二十四节气之一，冬至在唐朝已是重要的节日，一家人会在冬至这天团聚。

［唐］白居易

※ 字乐天，晚年号称“香山居士”，唐朝伟大的现实主义诗人。

邯郸驿里逢冬至，

※ 驿站，古代传送官文的官员们中途休息或住宿的地方。

抱膝灯前影伴身。

※ 抱着双膝。

想得家中夜深坐，

※ 指深夜。

还应说着远行人。

※ 远离家乡的人，这里指诗人自己。

※ 押韵：“身shēn”“人rén”的韵母都是“en”。
韵母是“en”的字还有：闷、怎、奋、奔……

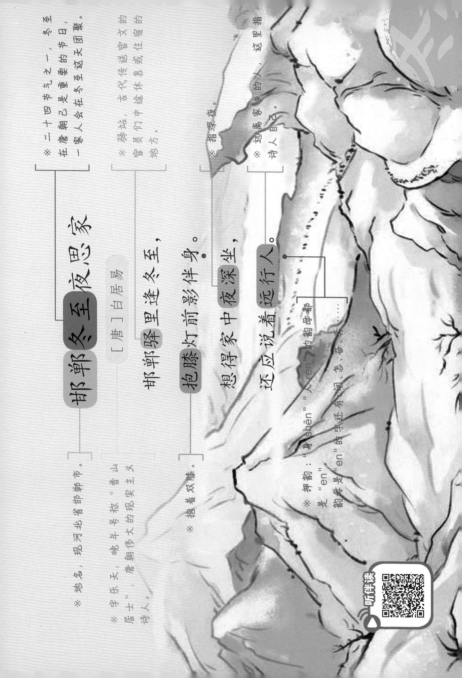

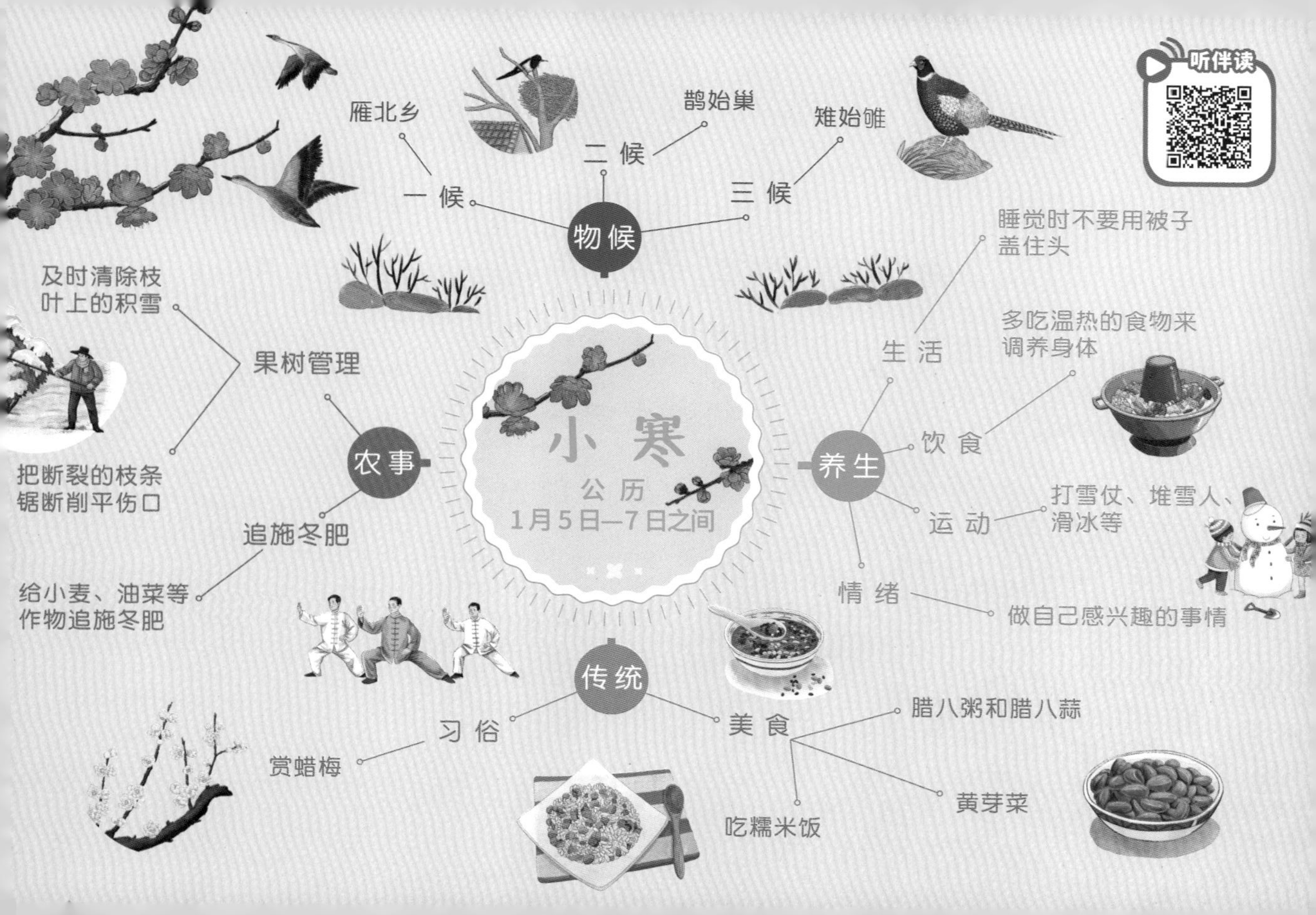
小寒
公历
1月5日—7日之间
物候
一候
雁北乡
二候
鹊始巢
三候
雉始雊
农事
果树管理
及时清除枝叶上的积雪
把断裂的枝条锯断削平伤口
追施冬肥
给小麦、油菜等作物追施冬肥
养生
生活
睡觉时不要用被子盖住头
饮食
多吃温热的食物来调养身体
运动
打雪仗、堆雪人、滑冰等
情绪
做自己感兴趣的事情
传统
习俗
赏蜡梅
美食
腊八粥和腊八蒜
黄芽菜
吃糯米饭
听伴读

雪梅

[宋]卢钺

※ 这组诗共有两首，这是其中一首。

※ 自号梅坡，宋朝诗人。

梅雪争春未肯降，
骚人阁笔费评章。
梅须逊雪三分白，
雪却输梅一段香。

※ 投降、服输。

※ 放下笔，“阁”同“搁gē”。

※ 指诗人。

※ 指评判梅和雪的高下。

※ 比不上。

※ 押韵：“降xiáng”“章zhāng”“香xiāng”的韵母都是“ang”。
韵母是“ang”的字还有：王、羊、当、汤……

听伴读

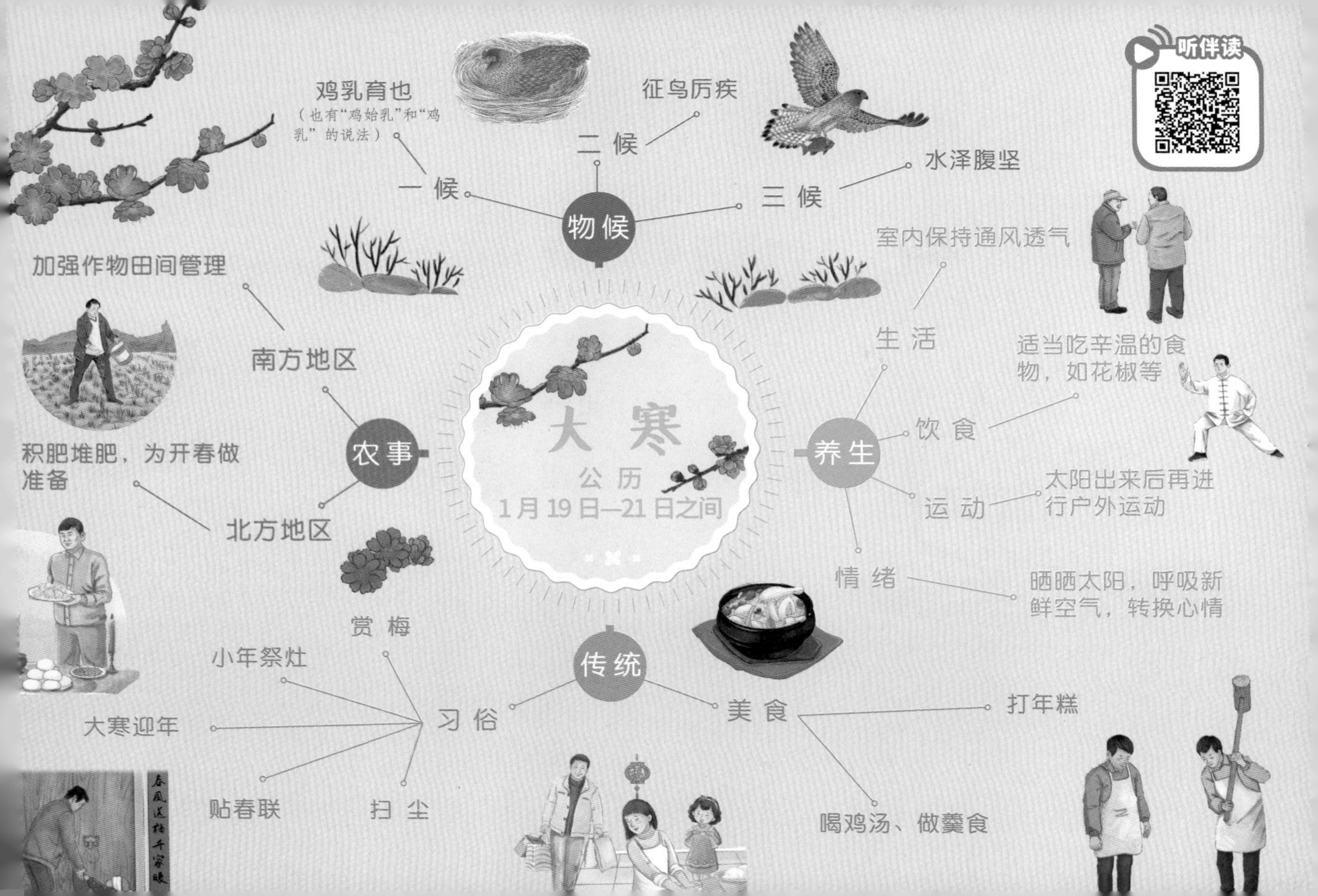
大寒
公历
1月19日—21日之间
物候
一候
鸡乳育也
（也有“鸡始乳”和“鸡乳”的说法）
二候
征鸟厉疾
三候
水泽腹坚
农事
南方地区
加强作物田间管理
北方地区
积肥堆肥，为开春做准备
养生
生活
室内保持通风透气
饮食
适当吃辛温的食物，如花椒等
运动
太阳出来后再进行户外运动
情绪
晒晒太阳，呼吸新鲜空气，转换心情
传统
习俗
赏梅
小年祭灶
大寒迎年
贴春联
扫尘
美食
打年糕
喝鸡汤、做羹食
听伴读

观猎

[唐]王　维

风劲角弓鸣，将军猎渭城。
草枯鹰眼疾，雪尽马蹄轻。
忽过新丰市，还归细柳营。
回看射雕处，千里暮云平。

※ 狩猎。

※ 字摩诘，号摩诘居士，唐朝诗人、画家。与孟浩然合称为“王孟”。

※ 使用动物的角等制作的传统复合弓。

※ 目光十分锐利。

※ 指积雪融化。

※ 这里指打猎的将军所居住的军营。

※ 傍晚的云彩。

※ 押韵：“轻 qīng”“营 yíng”“平 píng”的韵母都是“ing”。
韵母是“ing”的字还有：零、明、宁、听……

听伴读

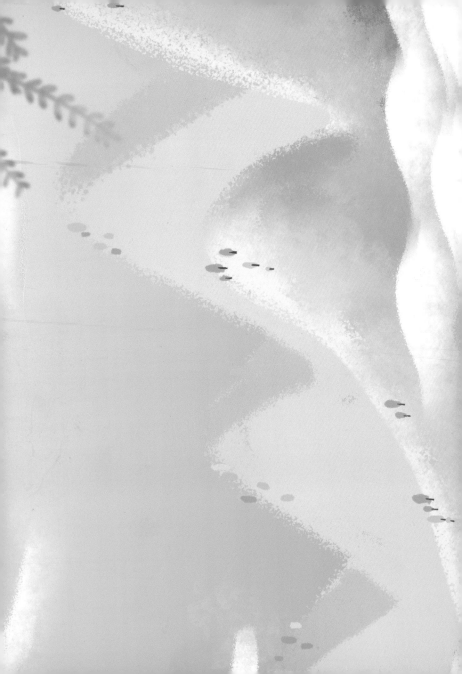